SPEZIAL-INFANTRIEWAFFEN 1939 BIS 1945

ENTWICKLUNG – TYPEN – TECHNIK

Alexander Losert

Motor buch Verlag

Einbandgestaltung: Sven Rauert

Bildnachweis: Die zur Illustration dieses Buches verwendeten Aufnahmen stammen – wenn nicht anderes vermerkt ist – aus dem Archiv des Verfassers sowie aus den Beständen von wikimedia commons (16, 17, 19, 20, 21, 22, 33, 34, 35, 41, 42, 43, 45, 46, 47, 49, 50, 51, 53, 57, 58, 59, 60, 61, 62, 63, 64, 65, 66, 67, 68, 69, 70, 71, 72, 73, 74, 76, 77, 78, 79, 80, 81, 82, 83 84, 86, 87, 79, 91, 92, 93, 94, 95, 96, 97, 98, 99, 102, 103, 104, 405, 106, 107, 108, 109, 110, 112, 113, 114, 115, 116, 117, 118, 119, 122, 123) sowie des Motorbuch Verlags (124).

ISBN: 978-3-613-04604-7

1. Auflage 2023

Sie finden uns im Internet unter www.motorbuch-verlag.de

Lektorat: Bernd Keidel
Innengestaltung: WS – WerbeService Linke, 76185 Karlsruhe
Druck und Bindung: DZS Grafik d.o.o., 1210 Ljubljana
Printed in Slovenia

Inhalt

Vorwort

Der Zweite Weltkrieg rückt jeden Tag weiter in die Vergangenheit. Doch diese Epoche die Menschen heute fasziniert nach wie vor – nicht zuletzt wegen der zahlreichen technischen Innovationen. Denn nichts scheint den Fortschritt derart voranzutreiben wie der Krieg.

Neue Techniken und Erfindungen geben sich in Krisenzeiten die Klinke in die Hand. Dabei steht stets der Gedanke im Vordergrund, wie sich ein Vorteil gegenüber dem Feind erzielen lässt.

Wer sich die Zeit nimmt, alle bisher erschienenen Bände dieser Reihe anzusehen, dem wird auffallen, wie sich auch Herstellung und Produktion der Waffen veränderten.

Das MG34 war ein Meisterstück deutscher Waffeningenieurskunst. Hohe Qualität, gepaart mit enormem Arbeitsaufwand in der Konstruktion und exzellenten Materialien – so schuf man eine Legende auf dem Gebiet der Maschinengewehre.

Doch im scharfen Einsatz, nicht zuletzt in den Weiten Russlands, erwies sich diese Waffe als zu störanfällig. Staub, Schnee und Frost sorgten dafür, dass sie häufig nicht funktionierte. Zudem war die Fertigung zu aufwendig. Was war also die Lösung?

Das MG42 wies eine höhere Kadenz auf, war schneller herzustellen und war nicht mehr so sehr von Störungen betroffen. Es machte einen billigen Eindruck, erwies sich aber als durchdachtes Waffensystem, das am Ende an die Stelle des Vorgängers trat.

Und das stellt nur ein Beispiel aus der Geschichte dar. Davon gab es viele, nicht nur bei den Deutschen.

Nahezu alle Nationen gingen einen ähnlichen Weg bei ihren Waffen. Die »Grease Gun« sollte die Thompson-MPi ersetzen oder die P38 die alte »Nullacht«.

Aber was hat diese Herleitung nun mit dem Band gemein, den Sie gerade in Händen halten?

Das ist schnell gesagt, denn bei den »speziellen Handwaffen« gab es eine ähnliche Evolution, die sich aus dem Zusammenspiel von Notwendigkeiten und Möglichkeiten ergab.

Manche Neuentwicklungen waren schlicht effektiver, andere mussten wegen Materialmangels eingeführt werden. Erinnert sei hier an die »Tonhand-

Eine Raketenpanzerbüchse, genannt »Panzerschreck«, bei einem Live-Action-Event – natürlich nicht schussfähig.

granate« der Japaner aus der Endzeit des Krieges.
Leider führen Systeme wie Flammenwerfer, Panzerabwehrmittel, Handgranaten und andere ein Schattendasein in der Wahrnehmung der Handwaffen des Zweiten Weltkrieges. Viele davon gehörten nicht zur Standardausrüstung der Soldaten, unterstützten sie aber dennoch in Angriff und Abwehr.
So zum Beispiel die zahlreichen Mörservarianten: Große, mittlere und kleine Mörser konnten zum Einsatz kommen.
Noch größer war die Zahl an Handgranaten, die von den kriegführenden Nationen genutzt wurden. Das Feld ist sehr, sehr groß und wir können an dieser Stelle nur einen kleinen Überblick geben.
Dies war aber von Anfang der Gedanke hinter dieser Reihe, die mein Kollege Michael Heidler und ich mit Unterstützung des Motorbuch Verlags ins Leben gerufen hatten.
Es sollten Überblickswerke sein, mit dem Anspruch, einen Einblick in die technischen Möglichkeiten der damaligen Zeit zu liefern.
Dabei war immer wieder eine Frage zentral: Wenn eine Nation ihren Soldaten stets die besten Waffen an die Hand geben wollte, warum sehen diese Waffen dann so unterschiedlich aus? Sollten sich nicht vielmehr alle Experten, wenn es an die Wahl der besten Waffe geht, auf ein ähnliches Modell einigen?
Wie so häufig spielen hier noch andere Faktoren mit hinein: die Kosten, persönliche Verbindungen der Entscheider, das Wissen der Experten, das ver-

Ein deutscher Granatwerfer – im Prinzip eine denkbar einfache Waffe mit einem Glatten Rohr. Dazu noch die Bodenplatte und ein Zweibein für die Einstellungen.

fügbare Material und andere Variablen.
Gerade diese technischen Unterschiede, die Entwicklung, die unterschiedlichen Herstellungsprozesse, die Hintergründe, die Wirkweise, die Stückzahlen, die Anwendung und andere Aspekte machen dieses Thema so spannend.
Natürlich muss dabei immer bedacht werden, wozu

Mit diesem umgangssprachlich Entfernungsmesser genannten Gerät ermittelte die Flakbedienung die Distanz zum Ziel.

Die Panzerfaust war eine einfache Waffe, die sich in Massen herstellen ließ und deren Bedienung nicht viel Training erforderte. Mitunter kamen sie sogar auf Flugzeugen zum Einsatz – gegen Panzer in den letzten Tagen des Krieges.

diese Dinge das Licht der Welt erblickten: Doch ist ein Panzer, der nur in einer Halle steht, gefährlich? Oder wird er erst gefährlich, wenn Menschen diese Maschine benutzen? Was ist ein »Panzerschreck«, der achtlos und allein in einer Scheune liegt? Ein Stück Metall! Erst der Mensch gibt diesen Geräten eine zerstörerische Bedeutung. Derselbe Mensch, der diese Maschinen einst ersann.

Wie aus den vorherigen Bänden gewohnt, wird das Buch wieder nach dem bekannten Muster, aber leicht abgewandelt aufgebaut.
Die Rückmeldung der Leserschaft – für die wir als Autoren immer dankbar sind – floss wie gehabt in das aktuelle Buch ein. Deswegen ergeben sich einige Unterschiede zum ersten Band der Reihe über die Maschinengewehre.
Nach den einleitenden Worten folgt ein kleiner Abriss der Geschichte der Waffen in diesem Band. Dies erfolgt schlaglichthaft, denn manche Systeme wie der Flammenwerfer oder die Handgranate sind von ihrem Prinzip her älter als alle anderen gebräuchlichen Feuerwaffen.
Das Kapitel der Erfinder entfällt dagegen in diesem Band.
An der Unterteilung der Nationen hielten wir fest. Innerhalb der Länder fassen wir die Systeme aber zusammen, also gibt es dort etwa die Abschnitte »Handgranate« oder »Granatwerfer«, in denen dann die Gerätschaften der jeweiligen Nationen zu finden sind.
Weiter halten wir auch an dem althergebrachten Muster fest, uns auf die »Hauptkriegsnationen« zu beschränken. Es würde schlicht zu weit führen, alle Nationen ausführlich zu behandeln.
Dennoch finden Sie noch ein »gemischtes Kapitel« am Ende des Buches. Hier sind einzelne Gerätschaften anderer Nationen aufgeführt, die einer Erwähnung wert erschienen – zumindest aus der subjektiven Sicht des Autors.

Es wäre im Rahmen eines solchen Überblickswerks schlicht unmöglich, alle Handgranaten des Zweiten Weltkriegs abzubilden, wenn parallel noch andere Gerätschaften betrachtet werden sollen. Wir hoffen, dass wir mit diesem Buch manchem Leser

Anregungen liefern, sich tiefergehend mit den Waffen des Zweiten Weltkriegs zu befassen. Dazu gibt es – beispielsweise im Motorbuch Verlag – hochspezialisierte Literatur, die das leistet, was mit einer Überblicksdarstellung wie dieser nicht zu leisten ist. Wie gehabt wird der vorliegende Band wieder als Schwerpunkt die deutschen Entwicklungen enthalten. Es ergibt sich eben aus der Natur der Sache heraus, dass die deutschen Waffenentwickler eine ganze Reihe von verschiedenen Projekten verfolgten.
Aber hier wird es nicht um die reinen »Zeichenprojekte« im Bereich der Infanterie gehen, sondern nur um jene Waffen, die es auch tatsächlich gab.
Wichtig zu verstehen ist überdies, dass es hier zwar um Waffen der Infanterie geht, dieser Begriff aber weit gefasst wird.
Denn es dürfte bekannt sein, dass im Zweiten Weltkrieg etwa der Flammenwerfer auf der deutschen Seite eher eine Waffe der Pioniere war. Gleiches gilt ebenso für die »Nebeltruppe«, die als Infanterieunterstützung zum Einsatz kam.
Man sieht, die Abgrenzung fällt unter Umständen etwas schwer, doch es muss eine bestimmte Auswahl getroffen werden, um ein breites Bild darzustellen.

Sie halten nunmehr den vierten Band aus meiner Feder in den Händen. Das macht mich auf der einen Seite stolz, aber auf der anderen Seite auch etwas betrübt. Denn das Ende naht. Es soll noch einen Band geben, den Michael Heidler und ich gemeinsam schreiben werden, mit dem wir uns dann aus der Reihe verabschieden werden.
Dann wird es Zeit, die Reihe an andere Autoren zu übergeben, die entweder in der Zeit voranschreiten, wie es Kollege Heidler schon mit seinem zweiten Maschinenpistolen-Band vormachte. Oder aber man wendet sich in der Zeit weiter zurück und widmet sich den alten Waffensystemen aus der Zeit vor dem 20. Jahrhundert.

Zum Ende hin folgt natürlich auch der obligatorische Dank. Als Autor hat man es im Grunde leicht: Man bringt zu Papier, was auf verschiedene Arten in den Geist kam.
Deswegen möchte ich einer ganz besonderen Person danken, nämlich meinem Grundschullehrer Röttger Feigel. Er war es, der mein Interesse für Geschichte weckte. Bis heute, mit 40 Lenzen, kann ich mich noch an seine Erzählungen erinnern – von Peter Melander, den Römern in Rheinland-Pfalz und seinen (Jahrgang 1935) Erlebnissen zur Kriegszeit.
Ich habe lange überlegt und das war der Anfang meiner Beschäftigung mit Geschichte, die dann im weiteren Verlauf von Adolf Morlang (Jahrgang 1941) am Gymnasium weiter geprägt und gefördert wurde.
Diese beiden »alten Recken« sorgten dafür, dass ich mich intensiv mit der Historie beschäftigte, Zusammenhänge erfragte und begriff, welche Auswirkungen historische Geschehnisse noch auf unser

Ein T34 auf einem Mahnmal in Berlin. Dieser russische Panzer war mit übr 50.000 Exemplaren diemeistgebaute Entwicklung des Krieges, er wurde bis 1958 weiter gefertigt.

Aber den amerikanischen mittleren Panzer M4 Sherman gab es in einer Reihe verschiedener Ausführungen, die man an die Front brachte und an nahezu allen Kriegsschauplätzen einsetzte.

Reste einer deutschen Pak mit der Aufschrift »Aus der Traum«. Zu sehen im Kriegsmuseum Arnheim.

heutiges Leben haben.
Wenn diese beiden Männer nicht gewesen wären, wer weiß, wohin mich der Weg verschlagen hätte. So war es aber nur folgerichtig Politikwissenschaften, Neuere Geschichte und Soziologie zu studieren, um noch mehr »zu verstehen«.
Deswegen an beide ein großes Dankeschön für den Weg, den sie mir zeigten.
Und natürlich will ich auch den beiden Damen daheim danken, dass sie mir die Zeit ermöglichen, diese Bücher zu schreiben. Auch wenn sie thematisch nicht viel damit anfangen können, so wissen doch beide, dass es mir wichtig ist.
Abschließend sei gesagt, dass jeder, der sich mit Krieg beschäftigt, nur zu dem Schluss kommen kann, dass es keinen Krieg mehr geben darf.

Hinterlassenschaften nach einem Panzerkampf: Auch wenn der Panther als einer der besten Panzer des Krieges galt, so war seine Technik doch zu anfällig.

Deutsche Soldaten auf dem Vormarsch im Osten. Gut zu erkennen ist die umfangreiche Ausrüstung der Landser.

Jetzt, zum Zeitpunkt dieser Niederschrift, dräut das Monster des Krieges im Osten zwischen Russland und der Ukraine. Und dieser Krieg dauert nun schon über ein Jahr an, ohne dass sich eine Ende abzeichnet. Auch in anderen Regionen der Erde kämpfen Menschen gegeneinander, bringen Not und Elend über die anderen, schlagen Wunden, die nie zu verheilen scheinen, legen Städte in Schutt und Asche, sterben und flüchten Unschuldige.

Und jeder spricht davon

»NIE WIEDER KRIEG!«,

aber wie oft gehört und wie oft gebrochen waren diese Worte schon?
Der Irrsinn wird weitergehen, solange die Menschheit existiert. Aber die Technik und die Maschinen und Gerätschaften sind nicht schuld daran. Nur die Bestie Mensch trägt dafür die Verantwortung!

Alexander Losert
Journalist und Politologe
Grünberg, September 2023

Ritt durch die Jahrhunderte

Der lange Weg der Waffen durch die Geschichte

Waffen sind untrennbar mit der Geschichte der Menschheit verbunden. Egal, ob Speere, Pfeil und Bogen oder Gewehre, der Homo Sapiens war von jeher erpicht darauf, in einem Konflikt einen Vorteil zu haben.
So waren die Schwerter aus Eisen, denen aus Bronze überlegen und läuteten gleichzeitig auch den Übergang von der Bronzezeit in die Eisenzeit ein.
Es folgt nun jedoch kein minutiöser Abriss der Waffengeschichte der Menschheit, sondern nur schlaglichtartig eine kleine Rückschau auf unsere Vorfahren der vergangenen Jahrhunderte, die schon einiges an Erfindungsreichtum besaßen und jene, die dieses alte Wissen wiederentdeckten, weiterentwickelten und auf die Moderne anpassten – mit allen ihren Folgen.

Deswegen sollen sich die folgenden Zeilen nur rudimentär mit den Ursprüngen der Systeme beschäftigen. Nicht jeder weiß, dass unsere modernen Waffen, oder besser gesagt die zur Zeit des Zweiten Weltkriegs modernen Waffen, andere Ahnen hatten, als man bisweilen vermutet.
Viele der in diesem Band vorgestellten Waffensysteme sind wesentlich älter als die uns bekannten Feuerwaffen: etwa die Flammenwerfer.
Schon in der Antike kamen Apparate zum Einsatz, die Feuer als Waffe verwendeten. So etwa im Peloponnesischen Krieg. Während dieses Konflikts kam es im Jahr 424 vor Christus bei der Belagerung der Stadt Deleon zur Anwendung eines Geräts, das dem Flammenwerfer recht ähnlich war.
Auch wenn viele der Waffen in diesem Buch ihren Ursprung im Ersten Weltkrieg haben, so standen in den verschiedenen Jahrhunderten und Jahrtausenden schon andere Dinge Pate dafür, wie es eben auch bei der Stadt Deleon der Fall war.
Und auch im Seekrieg kam das Feuer zum Einsatz. Mit einem Siphon, einer Art Spritze, schoss man brennende Flüssigkeit auf andere Schiffe. Die Reichweite war dabei gering, weil nicht genug Druck aufgebaut werden konnte, doch für die damaligen Verhältnisse reichte es aus.
Noch bis ins 13. Jahrhundert hinein verwendeten viele Seefahrer diese Waffe, bis das Schießpulver seinen Siegeszug antrat. So verschwand nach und nach dieser »Flammenspucker« aus den Arsenalen und geriet weitgehend in Vergessenheit.
Zwar gab es noch einzelne Berichte aus dem 18. und 19. Jahrhundert – etwa bei der Belagerung von Paris durch deutsche Truppen – die von Pumpen berichteten, die »brennendes Petroleum« warfen, doch militärisch spielten diese keine Rolle.

In Reih und Glied wird marschiert. Man legte Wert darauf, dass der Soldat mit den anderen als Einheit agiert. Nur so ließen sich die Waffen effektiv einsetzten.

Ein Mehrfachwerfer wird einsatzbereit gemacht. In der Geschichte des Krieges ging es immer darum, wer die effektiveren Waffen hat.

Mit dem MG 34 im Schnee. Gerade die Kälte in Russland zeigte, dass eine technisch sehr gute Waffe auch das Nachsehen haben kann – wenn etwa das Öl gefriert.

MG mit Fliegervisier an einem Fluß. Gerade die Vielfältigkeit der Einsatzmöglichkeiten zeichnet diese Waffe aus.

Es war wiederum ein Deutscher, der sich mit der Weiterentwicklung dieser antiken Waffe beschäftigte und sie für moderne Armeen nutzbar machen wollte. Bereits im Jahr 1901 kamen Modelle von modernen Flammenwerfern des Ingenieurs Richard Fiedler zur Erprobung – darunter auch ein tragbares Gerät, das mit Treibgas arbeitete. Insgesamt war es eine recht simple Apparatur, an der noch einige Arbeiten auszuführen waren und die überdacht werden mussten.

Es dauerte unter anderem deswegen noch bis 1911, ehe diese Waffen bei der Armee eingeführt wurden. Man stellte ein eigenes Sonderregiment mit zwölf Kompanien auf. Richtig Fahrt nahm die Entwicklung dann im Ersten Weltkrieg auf, verbunden mit den zahlreichen Grabenkämpfen. Es waren Männer wie Bernhard Reddemann (Major der Landwehr-Pioniere und Branddirektor), die das Prinzip weiterentwickelten.

Ähnlich verhält es sich mit den Handgranaten, die auch weit älter sind, als der durchschnittliche moderne Mensch vermuten dürfte.

Schon aus der Zeit der chinesischen Song-Dynastie, die das Reich der Mitte vom 10. bis zum 13. Jahrhundert regierte, berichten Quellen vom Einsatz solcher »Explosionskörper« in Kämpfen.

In Europa kamen diese Waffen erst viel später an. Der erste Ort, an dem sich die Verwendung nachweisen lässt war Byzanz, das heutige Istanbul. Damit einher ging auch die Verwendung von Schwarzpulver, das man in Keramikgefäße füllte und mit langsam brennenden Pulvermischungen in Röhren (Vorläufer der Lunte) ausstattete. Glas war zu Beginn weniger in Gebrauch, weil dessen Herstellung aufwendiger war als diejenige von Keramikgefäßen. Doch bald kam auch Glas zum Einsatz, ebenso wie Holz. Nach und nach gingen die Entwicklungen weiter, so dass ab dem 17. Jahrhundert zunehmend Metallgranaten bei Kämpfern verwendet wurden.

Das brachte auch einen neuen Typ Soldat mit sich, der auf den Umgang mit Granaten spezialisiert war – den Grenadier

Sowohl im Krimkrieg, dem Amerikanischen Bürgerkrieg und auch bei allen anderen größeren Konflikten bis heute kamen und kommen Handgranaten zum Einsatz, sind sie doch ein einfaches und effektives Mittel für den Nahkampf.

Als dann der Erste Weltkrieg ausbrach, zeigte sich die Effektivität der Handgranaten vor allem im Grabenkampf. Der Soldat konnte in Deckung bleiben und seine Granate werfen oder er musste nur kurz auftauchen zum Werfen.

Interessant: Als der Krieg ausbrach, hatten die Briten kaum Handgranaten zur Verfügung, weil sie diese im Jahr 1870 ausgemustert hatten. Aber schon ein Jahr später war ein Modell in Form der Mills-Granate verfügbar.

Und Minen – um an dieser Stelle ein weiteres Nahkampfmittel zu erwähnen – sind im Grunde nichts anderes als eine Weiterentwicklung der Fallgrube oder anderer antiker Fallen. Deren Zweck war es seit jeher, im Kriege einen Feind kampfunfähig zu

Mitunter treibt die Waffenentwicklung seltsame Blüten, wie dieses Halbkettenfahrzeug mit Walze zeigt.

machen, ihm zu schaden und/oder ihn zu schwächen. Nichts anderes wollen/sollen Minen.
Schon die alten Römer nutzten Wolfsangeln und Krähenfüße, auch hoben sie Gruben aus, die sie mit angespitzten Pfählen bestückten.
Und wieder in China – verbunden mit der Erfindung des Schwarzpulvers – kamen die ersten »Bomben« im 13. Jahrhundert zum Einsatz. Von da aus war es nur ein kurzer Weg, bis die Ming-Dynastie die erste Mine als Belagerungswaffe im Kampf gegen die Yuan-Dynastie nutzte. Das warim 14. Jahrhundert.
Was nun das Wort »Mine« angeht, so stammt dieses in der Tat aus dem Bergbau, bürgerte sich in Europa aber erst spät ein.
Minen wurden in der Anfangszeit dazu genutzt, um feindliche Befestigungen zum Einsturz zu bringen. Dazu grub man Stollen unter der Erde bis unter die gegnerischen Anlagen, deponierte dort Sprengstoff und zündete die Ladung.
In früheren Zeiten zündete man auch die tragenden Stützen an und wartete auf den Einsturz, doch das Schießpulver sorgte für mehr Effektivität. Die Männer, die diese Arbeiten ausführten, nannte man Mineure.
Ein sehr berühmtes Beispiel für solche Arbeiten ist die zweite »Türkenbelagerung von Wien« von 1683, als man sich einen regelrechten Minenkrieg lieferte.
Was aber nun die weitere Entwicklung anging, so war das Thema der »Detonationsauslösung« ein alles beherrschendes.
Im Vorfeld von Festungen etablierten sich sogenannte Fougassen. Diese ließen sich per Zündschnur zünden, wenn der Feind anrückte oder direkt über ihnen stand. Das war aber alles recht unzuverlässig.

Zurückgelassene Munition nach einem Kampf.

Vorarbeiten im Gelände samt der Ausrüstung.

Es war wiederum ein Deutscher, der Büchsenmacher Samuel Zimmermann aus Augsburg, der im 16. Jahrhundert eine selbstauslösende Mine schuf. Mit einem Schnappschloss sollte diese zur Explosion gebracht werden. Der Schwachpunkt war aber nach wie vor das feuchtigkeitsempfindliche Schwarzpulver.
Im Krimkrieg, dem ersten »modernen Krieg«, kamen selbstauslösende Minen zielgerichtet zum Einsatz. Man setzte hier auf chemische Zünder, etwa ein Glasröhrchen, das, wenn es zerbrach, eine chemische Reaktion in Gang setzte, die zur Zündung der Ladung führte.
Hier kommen erstmals die Komponenten einer modernen Mine zusammen: Splittermaterial, Sprengstoff und Zünder.
Dieser Dreiklang lässt sich erstmalig während des Amerikanischen Bürgerkrieges nachweisen. Und auch in den folgenden Konflikten bis zum Ersten Weltkrieg kamen weiterentwickelte Minen zum Einsatz, die dann ab 1914 in Massen industriell hergestellt wurden.

Dies soll an dieser Stelle aber als Ausflug in die Geschichte genügen. Man sieht, dass viele Ideen nur neu gedacht und weiterentwickelt wurden. So wird es wohl auch noch in den nächsten Jahrhunderten weitergehen.

Flammenwerfer

Der Flammenwerfer gehört zu den gefürchtetsten Waffen des Zweiten Weltkrieges. Sowohl auf dem europäischen als auch auf dem pazifischen Kriegsschauplatz waren diese Geräte zu finden.
Auf deutscher Seite kamen sie erstmals im Ersten Weltkrieg zum Einsatz. Vor allem gegen Bunker und andere feste Ziele erwiesen sie sich auch in der Zeit von 1939 bis 1945 als sehr effektiv. Hinzu kam die psychologische Komponente. Allerdings war der nutzende Soldat selbst in großer Gefahr: Ein Treffer in den Tank und schon konnte es um ihn geschehen sein.
Das Prinzip der deutschen Flammenwerfer fällt dabei recht simpel aus. Jeder Werfer verfügte über zwei verschiedene Tanks. Einer enthielt das Flammöl, der andere das Treibmittel. Hier kam in der Regel Stickstoff zum Einsatz. Öffnete der Soldat das entsprechende Ventil, drückte das Treibmittel das Flammöl durch das Flammrohr. An dessen vorderem Ende entzündete sich das Öl. Der Öldurchsatz der Düse, die Anfangsgeschwindigkeit des Öls und nicht zuletzt die Windrichtung waren beim Einsatz entscheidend für die Reichweite.
Flammenwerfer kamen sowohl von Fahrzeugen aus als auch durch Infanteristen zum Einsatz. Die Führung der Wehrmacht sah drei unterschiedliche Typen von Flammenwerfern für die Soldaten vor.
In die erste Klasse gehörten jene, die auf dem Rücken getragen werden konnten und als »leichte Flammenwerfer« bezeichnet wurden. Mittlere fahrbar und ortsfeste Flammenwerfer stellten die »mittleren« und »schweren« Typen dar. Vor allem in Festungsanlagen kamen die schweren Ausführungen zum Einbau, wobei es im späteren Kriegsverlauf auch zur Verwendung in gepanzerten Fahrzeugen kam.
Das Waffen-Prüffeld 5/1 (zuständig für das Pionierwesen) der Heeresversuchsanstalt in Kummersdorf übernahm die zentrale Entwicklung der Flammenwerfer. Nach Entwicklung, zahlreichen Versuchen, Begutachtungen und – falls nötig – weiteren Verbesserungen ergingen im Jahr 1938 die ersten Aufträge für die Serienfertigung der Flammenwerfer.
Verschiedene deutsche Unternehmen erhielten in der Folge Produktionsaufträge. Die Werke der Deutschen Waffen- und Munitionsfabriken AG (besser bekannt als DWM) in Lübeck und Karlsruhe waren für die Fertigung von tragbaren und fahrbaren Flammenwerfern vorgesehen. Hinzu kam später noch die Firma Hagenuk aus Kiel. Die Herstellung der Tragegerüste übernahm ein weiteres Unternehmen, nämlich Stiegemeier in Hertfort.
Die ortsfesten Modelle entstanden ebenfalls bei DWM, Hagenuk und zusätzlich noch bei »Minimax« in Neuruppin. Später sollte noch die Firma Wegelin & Hübener aus Halle mit einsteigen.
Allein schon an dieser Vielzahl von unterschiedlichen Unternehmen, die alle an »einer Waffenart« bauten und verdienten, erkennt man schon das Malheur der deutschen Waffenproduktion in der Zeit vor und während des Zweiten Weltkrieges. Zu

Vorführung der Wirkweise eines Flammenwerfers. Gerade in psychologischer Hinsicht war der Einsatz dieser Waffe effektiv.

Einweisung am Flammenwerfer. Der Umgang musste minutiös geübt werden. Der Einsatz war aber immer mit Gefahren verbunden.

viele Firmen waren daran beteiligt, die zu viele verschiedene Dinge produzierten, anstatt sich komplett auf ein Produkt zu konzentrieren.

Der erste Ein-Mann-Flammenwerfer war der Flammenwerfer 35. Er wog beachtliche 35,8 Kilogramm. Damit war er eigentlich zu schwer für den Einsatz durch einen Soldaten allein. Doch er stand nur am Beginn einer Entwicklung.
Bis ins Jahr 1941 produzierte man den Flammenwerfer 35, ehe dieser dann durch andere und leichtere Modelle ersetzt wurde.
Auch als »Tornisterflammenwerfer« bezeichnet, kam der Flammenwerfer 35 im Jahr 1938 zu den Pioniereinheiten zur Erprobung.
Aus fertigungstechnischen Gründen griff man auf eine zylindrische Konstruktion zurück. Durch den Einsatz von veredeltem Stahl konnte die Wandstärke herabgesetzt werden. Zusätzlich konnte eine kleinere Pressgasflasche verwendet werden, was aber nichts an dem zu hohen Gewicht änderte – andernfalls wäre der Flammenwerfer wohl noch schwerer ausgefallen.
Die Flammölmenge bestand aus einem Gemisch aus leichten und schweren Teerölen. Mit Motorenöl angedicktes Benzol oder Petroleum kam ebenfalls in manchen Fällen zum Einsatz. Der Druck lag bei rund 25 atü. So erzielte man eine Reichweite von bis zu 30 Metern bei 10 Sekunden »Dauerfeuer«.
Der Einsatz der Flammenwerfer war besonders effektiv, wenn die Soldaten damit überraschend angriffen. Aufgrund der relativ geringen Reichweite war es also unerlässlich, sich möglichst unbemerkt an die feindliche Stellung anzunähern. Meist im Rahmen von Stoßtruppunternehmen gemeinsam mit Maschinengewehren und Handgranaten eingesetzt, kamen die Waffen aber auch beim Einzelkampf zur Anwendung. Doch es zeigte sich schnell, dass der Flammenwerfer 35 schlicht zu schwer und unhandlich war, um ihn dauerhaft im Felde zu führen. Das führte zur erwähnten Entwicklung und Einführung von leichteren Modellen.
Dazu gab es einen Zwischenschritt, den sogenannten »Flammenwerfer klein, verbessert«, besser bekannt als »Flammenwerfer 40«.
Hier verringerte man das Flammöl-Volumen auf 7,5 Liter und brachte es in einem reifenförmigen

Übungsschießen unter Aufsicht mit dem Flammenwerfer. Die Reichweite unterschied sich je nach Modell.

Flammenwerfer 35	
Gewicht	35,8 kg
Druckgas	Stickstoff
Flammölmenge	11,8 l
Mögliche Feuerstöße	2 bis 15
Schussweite	25 bis 30 m

Flammenwerfer 41	
Gewicht	18 kg
Druckgas	Wasserstoff
Flammölmenge	7,5 l
Reichweite	30 bis 35 m
Stückzahl	ca. 70.000

Abwehr-Flammenwerfer 42	
Gewicht	3,6 kg
Reichweite	40 m
Stückzahl	mehr als 10.000

Abwehr-Flammenwerfer 42	
Gewicht	65 kg
Flammölmenge	30 l
Einsatzdauer	3 Sekunden
Zündung	elektrisch
Stückzahl	50.000

Behälter aus gewickeltem Metall unter. Das erhöhte aber die Angriffsfläche. Zudem lehnte die Heeresversuchsabteilung das Modell – es kam nur in ganz

Vor allem gegen feste Ziele wie Bunker kamen die Flammenwerfer zum Einsatz. Ihre Wirkung war in den engen Räumen meist verheerend.

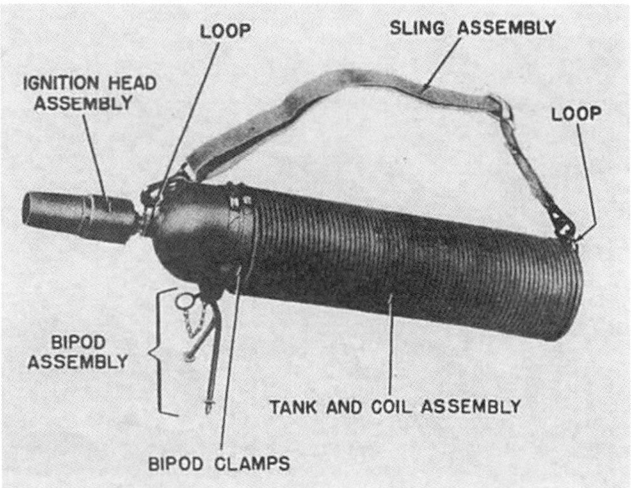

Englische Abbildung eines »Einstoß-Flammenwerfers«. Dies waren denkbar simple Konstruktionen, die sich aber nicht durchsetzten.

geringen Stückzahlen zum Einsatz – wegen technischer Mängel am Ende ab. Stöße, kleine Splitter oder schon stärkere Berührungen konnten Risse verursachen, die im schlechtesten Fall zum Ausfall der Waffe führten.
Das nächste Modell, der »Flammenwerfer 41«, brachte ein Gewicht von 18 Kilogramm auf die Waage. Er verfügte über zwei übereinander liegende zylindrische Druckbehälter, von denen der untenliegende größere 7,5 Liter Flammöl und der obere, kleinere 3 Liter Wasserstoffpressgas enthielt. Die Reichweite des 41er Modells lag bei bis zu 35 Metern. Aber aufgrund der hohen Abhängigkeit von den Außentemperaturen kam es immer wieder im Einsatz zu Zündversagern. Dieses Problem behob man ab dem Frühjahr 1942 damit, dass der Flammenwerfer ein neues Strahlrohr erhielt und die Flamme mittels Strahlpatronen gezündet wurde. Ab da gehörte zu jedem der Flammenwerfer ein Magazin mit zehn dieser Patronen.
Insgesamt etwa 70.000 Stück wurden während des Krieges hergestellt. Der »Flammenwerfer 41« war damit der meistgebaute Flammenwerfer des Krieges.

Es gab auf deutscher Seite noch weitere Entwicklungen auf dem Gebiet der Flammenwerfer, die zwar nicht an die Erfolge der 41er Version anschließen konnten, aber stetige Weiterentwicklungen waren.
So gab es etwa den »Flammenwerfer 43«, der aber schlicht zu schwer war. 24 Kilogramm Gewicht mit 9 Litern Flammöl waren zu unhandlich für den Feldeinsatz.
Demgegenüber war der »Flammenwerfer 44« einfach unzureichend. Dieses Modell hatte gerade einmal 4 Liter Flammöl und wog 4,4 Kilogramm.
Als das Kriegsglück mehr und mehr die deutschen Fahnen verließ und sich die Rohstoffknappheit in der Rüstung bemerkbar machte, erging Ende 1944 im Auftrag der deutschen Fallschirmtruppen die Forderung nach einem einfach herzustellenden Flammenwerfer. Daraus entwickelte DWM dann den »Einstoß-Flammenwerfer 46«, den man auch als »Volksflammenwerfer 46« (analog zur Bildung des Volksturmes im September 1944) oder »Abwehrflammenwerfer 46« kannte.
Dabei handelt es sich um einen in der Herstellung vereinfachten Werfer aus einem langgezogenen, zylindrischen Druckbehälter, der über zwei Ösen für Tragegurte verfügte. Weiter gehörten ein Griffstück mit Abzug und eine rund 9 Millimeter lange Ausstoßdüse zu dieser Ausführung. Hinzu kam dann noch eine Halterung für die Treibpatrone.

Die Waffen-SS verfolgte mitunter eigene Wege, was die Flammenwerfer anging. Ab Mitte 1944 begannen die Entwicklungen an einem leichten Flammenwerfer mit nur 2,8 Kilogramm Gesamtgewicht. Dazu kamen Arbeiten an einem Mehrstoßflammenwerfer. Bis zum Kriegsende gingen die Entwicklungen weiter und es lagen noch viele Projekte auf »Halde«, als dann die Waffen in Europa schwiegen.

Eine Entwicklung aus den Vorkriegsjahren schaffte es nicht einmal bis in den Krieg. Der »mittlere Flammenwerfer« wog 102 Kilogramm, fasste 30 Liter Flammöl, schoss 25 Sekunden lang oder bis zu 50 Feuerstöße. Um ihn beweglich zu machen, packte man ihn auf ein Radfahrgestell, welches dann von zwei Flammenwerfer-Schützen gezogen werden musste. Auch die Weiterentwicklung auf einem Karren für Halbkettenzugmaschinen war nahezu unbrauchbar für die Front. Nur im Westfeldzug kamen sie zum Einsatz. Danach gingen sie an die Heereszeugämter zurück.

Schüsse aus dem Flammenwerfer gegen ein Ziel. Der Soldat war dabei immer in Gefahr, selbst getroffen zu werden. Umso mehr war er auf die Hilfe seiner Kameraden angewiesen.

Aber man übernahm auf deutscher Seite auch etwas von Kriegsgegnern, namentlich von der Roten Armee: Im Jahr 1941, bei Beginn des Russlandfeldzuges, kam es an einigen Frontabschnitten zum Auftreten einer besonderen Waffe: dem sowjetischen Flammenwerfer FOG-1, der ortsfest eingegraben war. Bei Aktivierung schoss ein Flammenwerfer automatisch hervor, wovon sich die Deutschen derart beeindruckt zeigten, dass sie diese Waffen nachbauten und gefundene Exemplare wieder reaktivierten.
Bis zum Auslaufen der Produktion im Jahr 1944 stellten man 50.000 Stück des »Abwehr-Flammenwerfers 42« her. Beim Einbau von mehreren dieser Apparate in einem Abschnitt zur Verteidigung konnten bis zu 150 Meter Breite gesperrt werden. Allerdings hatten die Werfer nur eine Wirkungsdauer von drei Sekunden.
Die Waffe selbst bestand aus dem Flammölzylinder mit etwa 32 Kilogramm Gewicht, dem Steigrohr mit Düse, einer Sprengscheibe, der Druckpatrone und dem Flammenölzünder. Das Gesamtgewicht lag am Ende bei rund 65 Kilogramm. Wenn sie nicht beschädigt oder zerstört wurden, konnten die Flammenwerfer wieder verwendet werden.

Flammenwerfer kamen auch von Fahrzeugen aus zum Einsatz, wie man eindrucksvoll auf dieser Aufnahme sieht.

Fliegerfaust und Fliegerschreck

Die deutschen Waffeningenieure legten zahlreiche Entwürfe vor. Vor allem, als es zum Ende des Krieges immer schlechter für das Reich aussah, gab es unzählige Entwicklungen, die als »Wunderwaffen« die Wende herbeiführen sollten. Es gab sie auch im Bereich der Infanteriewaffen, wovon aber nicht alle über das Planungsstadium hinauskamen.

Eines der wenigen noch fertig gestellten Geräte war die Ein-Mann-Flugabwehrwaffe »Luftfaust«, die sogar noch in einigen wenigen Exemplaren an die Truppe ging. Ganz der wirtschaftlichen Not Deutschlands gehorchend war die »Fliegerfaust« ein einfaches, kostengünstig zu produzierendes Gerät, das überdies sogar noch sehr effektiv war.

Diese Waffe gehörte zu den Raketenwerfern. Sie bestand aus insgesamt acht ringförmig um ein zentrales Rohr angeordneten Röhren. Vier Metallschellen sorgten für die Stabilität. Als schultergestütztes Gerät kam die Munition in Form eines neunschüssigen, trommelartigen Magazins in die Waffe, das von hinten eingelegt wurde. Die Munition war mit Stabilisierungsflügeln ausgestattet und auf einem Raketentreibsatz montiert. Zwei Salven – mit einem Abstand von weniger als einer Sekunde – verschoss die Fliegerfaust und bildete im Umkreis von knapp 500 Metern eine Splitterwolke. Gezündet wurde die »Ladung« wie beim Panzerschreck über eine Induktionsspule mit einem Stromimpuls.

Anfang 1945 begann die Produktion der Waffe, von der bis Kriegsende immerhin noch rund 10.000 Stück die Werke verließen. Erst im März 1945 gab es die Weisung, das Gerät in die Truppenerprobung zu geben. Allerdings kamen nur noch sehr wenige Exemplare zur Truppe. In manchen Quellen werden 100 Stück erwähnt. Aus diesem Grunde existieren auch keine zuverlässigen Berichte, ob die Fliegerfaust zum Einsatz kam.

Eine Quelle berichtet von einer Erprobungsgruppe aus einem Truppenoffizier, einem technischen Offizier und 30 Soldaten. Sie hatten die unbedingte Weisung, keine der neuen Waffen in feindliche Hände fallen zu lassen.

Die Waffe war dazu gedacht, gegen Tiefflieger eingesetzt zu werden. Doch ihre Reichweite war auf die besagten 500 Meter limitiert und die Soldaten mussten genau berechnen, wie sie die Splitterwolken »vor den Feind« legten, um effektiv zu sein.

Basierend auf der Fliegerfaust gab es noch eine Weiterentwicklung, die sich Fliegerschreck nannte und im Grunde eine Luftversion des Panzerschrecks darstellte. Diese Waffe bestand aus sechs Rohren im Kaliber 30 Millimeter und verschoss das 30-mm-

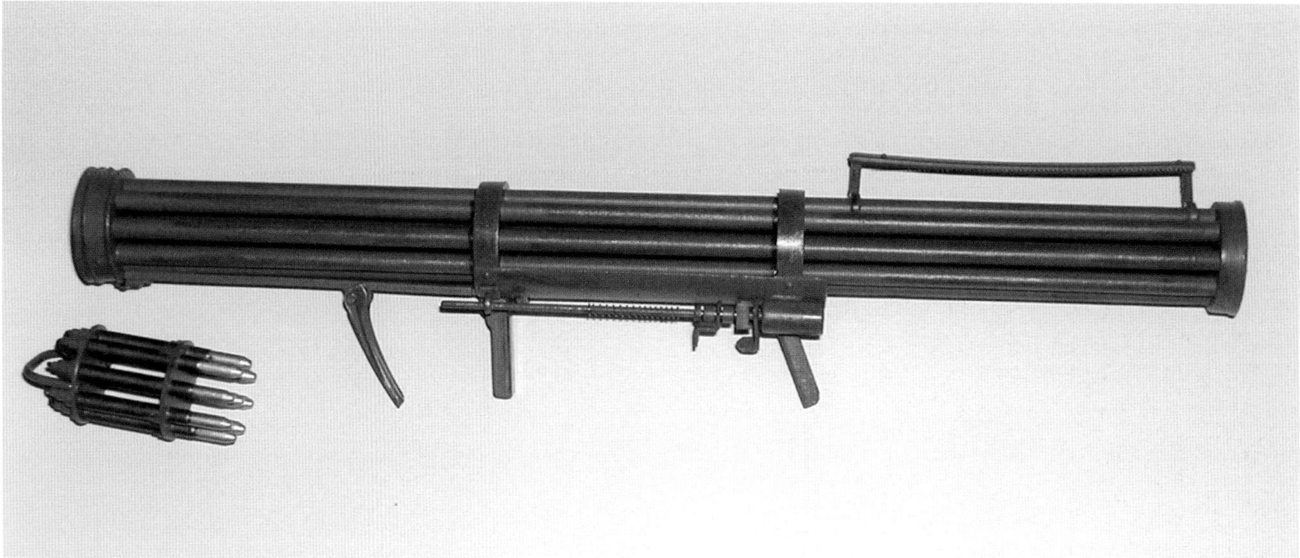

Eine der wenig bekannten Waffen der Wehrmacht: die Fliegerfaust. Es kamen aber nur noch wenige Exemplare zur Truppe. Die Weiterentwicklung der Fliegerfaust war dann der Fliegerschreck, dem es aber ebenso erging wie der Faust.

Minengeschoss der MK 108. Das Besondere an der Munition war die Verwendung eines Raketentreibsatzes mit Hohlladungssprengkopf mit davor montierter Ladung aus 144 kleinen Phosphor-Brandsplittern, die zeitversetzt gezündet wurden.
Kurz vor Kriegsende befand sich der Fliegerschreck in der Erprobungsphase und eine erste Charge von 500 Stück war bereits fertiggestellt. Zur Auslieferung an die Truppe kam es aber nicht mehr.

Fliegerfaust	
Gewicht	6,6 kg
Länge	1,3 m
Durchmesser	135 mm
Geschosskaliber	20 mm
Geschwindigkeit	380 m/sec
Effektive Reichweite	210 bis 500 m

Moderne Nachfahren der Fliegerfaust. Eine Stingerrakete im Einsatz gegen die Sowjetische Armee in Afghanistan in den 1980er-Jahren, hier mit ausgeklappter IFF-Antenne.

Explosive Mischungen

Die Handgranaten der Wehrmacht

Stielhandgranate Modell 24. Schwach lässt sich der Stempel mit dem Reichsadler noch erkennen.

Infanterist mit Mückenschleier, Maschinenpistole und Stielhandgranate kurz vor dem Angriff. Von diesen Granaten stellte man Millionen her.

Granaten gehören zu den ältesten Waffen der Menschheit. In den beiden Weltkriegen nutzten auch die Deutschen diese Art der Wurfgegenstände, die insbesondere der Bekämpfung feindlicher Soldaten dienten. Man spricht im Zusammenhang der Infanterie dann von Handgranaten.
Es gab bekanntere und unbekanntere Modelle und Versuche, neue Erkenntnisse, Techniken und Stoffe einzusetzen. Äußerlich unterschieden sich die eingesetzten Handgranaten voneinander, jedoch nicht was das Funktions-Prinzip anging.
Es gab deutscherseits verschiedene Modelle bei der Armee, wobei vor allem die »Eihandgranate 39« und die Stielhandgranate – noch aus der Zeit des Ersten Weltkrieges – dominierten. Bei den Stielhandgranaten gab es noch verschiedene Versionen. Diese Sorte gehört zu den bekanntesten Ausführungen dieser Waffenart.

Eine der wichtigsten Veränderungen vom Ersten auf den Zweiten Weltkrieg dürfte sicherlich die Einführung der Stielhandgranate 24 sein. Diese arbeitete mit einem Brennzünder, der die bis dato gebräuchliche Zündschnurverzögerung ablöste, da deren Brennzeit oft Schwankungen unterlag. Nun blieben dem Nutzer 4,5 Sekunden (mit 0,2 Sekunden Toleranz), um den Sprengkörper zu werfen.
Bis zu 25 Meter Wurfweite konnten mit den 24ern erreicht werden. Vor allem in unmittelbarer Nähe entfaltete diese Granate ihre vernichtende Wirkung: Die Splitter wirkten im Umkreis von etwa 20 Metern.
So zeigte sich dieses Modell insbesondere für den Angriff als geeignet, wenn es darum ging, feindliche Stellungen einzunehmen. Zur Verteidigung war sie dagegen wegen der relativ geringen Splitterwirkung nicht so gut geeignet.
Ein großes Plus der Stielhandgranate 24 war die einfache Herstellung. Sie konnte massenweise produziert werden, so dass im Jahr 1939 ein Bestand

auf deutscher Seite von fast sieben Millionen Stück vorhanden war.
Was den verwendeten Sprengstoff betraf, so legte man fest, dass Monachit I und II beziehungsweise Donarit I und II zur Verwendung kommen sollten.

So charakteristisch die Stielhandgranate auch war, so unhandlich war sie auch. Das führte wiederum dazu, dass die Soldaten nur eine begrenzte Anzahl an Granaten mit sich führen konnten, die man häufig ins Koppel oder an den Stiefelschaft steckte. Abhilfe sollte die Eihandgranate 39 mit Brennzünder liefern, da sie kleiner und kompakter war. Sie konnten einfacher in den Hosentaschen getragen werden und die Soldaten konnten mehr davon mitgeführen.
Der eiförmige Blechkörper war mit bis zu 110 Gramm Füllpulver 02 (TNT) oder Donarit I oder II gefüllt. Die Wurfweite lag mit etwa 30 Metern nur wenig über derjenigen der Stielhandgranate 24. Zunächst kam es aber zu Problemen mit den Zündern, was wiederum zu Unfällen führte. Verbesserte Brennzünder kamen bald darauf zur Auslieferung. Diese verbesserten Eihandgranaten ließen sich an der Flügelmutter erkennen. Weitere Verbesserungen folgten.

Natürlich blieb die Entwicklung dieser beiden Haupttypen der deutschen Handgranaten nicht stehen. Vielmehr gab es Veränderungen in manchen Details. So lieferte man die Stielhandgranate 24 ab 1943 mit einem verbesserten Brennzünder 39 aus. Außerdem unterzeichnete der Chef der Heeresrüstung und Befehlshaber des Ersatzheeres, Generaloberst Friedrich Fromm, am 20. März eine Einführungsverfügung für die Stielhandgranate 24 mit Splitterring. In der Folge war rund ein Drittel der ausgelieferten Granaten mit einem Splitterring versehen.
Durch diese Neuerung erhöhte sich der Splitterradius auf bis zu 30 Meter und die Granaten ließen

Soldat an der Ostfront, vor sich vier Stielhandgranaten. Sie waren aber eher für den Angriff als die Verteidigung gedacht.

Vorrücken im Graben. Der letzte Soldat hält eine Stielhandgranate in der Hand. Im Angriff bewährten sich diese Waffen exzellent.

Stielhandgranate 24	
Gefechtsgewicht	480g
Ladung	165g TNT
Länge	356 mm
Durchmesser	60 mm

Stielhandgranate 43	
Gefechtsgewicht	624 g
Ladung	TNT
Länge	356 mm
Durchmesser	70 mm

Stilisiertes Propaganda-Bild von kämpfenden Soldaten der Wehrmacht – wieder mit der Stielhandgranate.

In Stellung und kampfbereit: Der Soldat im Bildvordergrund trägt gleich mehrere Stielhandgranaten bei sich.

sich aus der sicheren Deckung heraus nutzen.
Dieses Prinzip zeigte so große Wirkung, dass man ab September 1944 Splitterringe für die Stielhandgranaten und Splittermäntel für die Eihandgranaten einführte.
Die neuen Splitterringe glichen rhombischen Einker-

bungen, die auf die Töpfe aufgeschoben wurden. Der Splittermäntel für die »Eier« bestanden aus zwei eisernen Halbschalen, die mit Einkerbungen versehen waren. Sie kamen um die Handgranaten herum und wurden mittels Bajonettverschluss geschlossen.
Das alles hatte nur ein einziges Ziel: mehr Splitter zu erzeugen und damit die Vernichtungswirkung zu steigern.

Was die Ausstattung der Truppe betraf, so sah eine Mitteilung des Heeres aus dem Jahr 1941 vor, dass jede Schützenkompanie 45 Stielhandgranaten und 60 Eihandgranaten als Grundausstattung mitzuführen habe.
Im Jahr 1942 änderte man diese Zahlen. So sollte nun eine gepanzerte Schützenkompanie 450 Eihandgranaten, 150 Stielhandgranaten und 180 Nebelhandgranaten mit sich führen.
Diese Zahlen sind ein Indiz dafür, wie wirkungsvoll diese kleinen Sprengkörper funktionierten.

Neben den Stielhandgranaten und den Eihandgranaten gab es noch eine ganze Reihe weiterer Handgranaten in den Reihen der Wehrmacht.
Nebelhandgranaten waren ebenso verbreitet in den Reihen der deutschen Truppen. Ein erstes Modell wurde bereits im Jahr 1938 eingeführt und die Bezeichnung änderte man später in Nebelhandgranate 39.
Äußerlich ähnelte sie sehr der Stielhandgranate 24. Eine Mischung aus Zinkpulver und Hexachlorät-

Spaß gehört auch dazu: Ein Schlag mit der Granate wird angedroht, wenn der Schütze nicht trifft.

Zwei Soldaten der Waffen-SS machen die Stielhandgranaten einsatzfertig, indem sie die »Köpfe« auf die Stiele schrauben.

han erzeugte bei der Zündung eine dichte Nebelwolke, in deren Schutz sich die Soldaten bewegen konnten.
Im Jahr 1941 kam ein verbessertes Modell unter der Bezeichnung Nebelhandgranate 41 zur Einführung, die keinen Stiel mehr hatte. Ab Oktober 1943 gab es dann auch eine Nebelhandgranate in Eiform, die man als Nebeleihandgranate bezeichnete.

Blendkörper 1H	
Gefechtsgewicht	374g
Ladung	Mischung aus Titantetrachlorid/Siliziumtetrachlorid mit Kalziumchlorid
Länge	152 mm
Durchmesser	63 mm

Nebelhandgranate 39	
Gefechtsgewicht	2,15 kg
Ladung	Zinkstaub/Hexachloräthan
Länge	146 mm
Durchmesser	89 mm

Voll »aufgerödelt« wird auf den passenden Moment für den Angriff gewartet.

Mit den Nebelhandgranaten konnten allerdings nur relativ kleine Flächen eingenebelt werden und die »Nebeldauer« war entsprechend kurz.

Eine weitgehend unbekannte Form der Handgranate kam erst im Jahr 1943 zum Einsatz: die Blendgranate, die man als Blendkörper BK 1H in die Reihen der Wehrmacht einführte.
Nach über 200.000 hergestellten Stück kam die verbesserte Version SK 2 H zur Truppe. Diese bestand aus einem äußeren Glasbehälter mit Nebelstoff (Titantetrachlorid und Siliziumtetrachlorid) und einem inneren Glasrohr mit einer Salzlösung. Wenn beide Flüssigkeiten mit der Luft zusammentrafen, entstand eine Nebelwolke, die bis zu 20 Sekunden blieb und als Blendmittel eingesetzt wurde.

Die Hafthohlladung 3 HL arbeitete mit einer Ladung von 1,5 Kilogramm und wies drei Haftmagneten auf. Die Größe dieser Waffe lag bei 27 Zentimetern. Im Grunde handelte es hierbei um eine vergrößerte Panzerhandmine – später mehr dazu. Mit einer Kraft von 45 Kilogramm haftete die Ladung am Untergrund und durchschlug Panzerungen von bis zu 140 Millimetern. Spätere Versionen wiesen statt der halbkugelförmigen Ladung eine konische Form auf, was deren Gewicht aber erhöhte. Mehr als 550.000 Stück dieses Typs entstanden.

Eine besondere »Versuchsreihe« stellten die Panzerhandgranaten dar. Die Panzerhandgranate 41 vermochte bis zu 30 Millimeter starke Panzerungen zu durchschlagen, wog aber stolze zwei Kilogramm. Somit war sie schlicht zu schwer, nicht einfach zu

Eihandgranate 39	
Gefechtsgewicht	230g
Ladung	112 g Donarit
Länge	76 mm
Durchmesser	60 mm

Panzerwurfmine	
Gefechtsgewicht	1,36 kg
Ladung	Hexotol
Länge	533 mm
Durchmesser	114 mm

Ruhe vor dem Sturm. Der Soldat wartet an seinem MG – mit dabei auch wieder eine Stielhandgranate.

handhaben und der Soldat musste nahe an das Ziel heran.

In der SS-Waffenakademie in Brünn (heute Brno) arbeitete man an einer Hohlladungs-Handgranate – 19 Zentimeter lang bei einem Gewicht von 420 Gramm – an deren Kopf sich eine mit Klebmasse getränkte Filzscheibe befand. Im Einsatz sollte diese Handgranate an das zu bekämpfende Ziel geklebt und gezündet werden. Die Hohlladung sollte dann die Vernichtung bringen. Schon in Versuchen erwies sich diese Methode als zu unsicher. Magnete lösten dieses Problem später besser. Die Entwicklung der Panzerfaust machte diese Art der Waffen bald überflüssig.

Weiter gab es die Brandhandgranate 4857, die man noch im Januar 1945 erprobte, die sich aber für den Einsatz an der Front aufgrund ihres Aufbaus als völlig unbrauchbar entpuppte. Die Truppe nutzte die einfachen »Brandflaschen«, die schlicht billiger und einfacher herzustellen waren.

Auch chemische Handgranaten befanden sich deutscherseits in der Entwicklung. So existierte eine Handgranate 41 Ws, die mit Tränengas befüllt war. Andere Modelle der Handgranate 41 waren auch mit Kampfstoffen gefüllt, wie etwa Lost, Tabun oder Sarin. Diese kamen aber nicht zum Einsatz und zur Truppe.

Weitere Versuche gab es mit Motorstoppgranaten und Betäubungshandgranaten, die sich aber allesamt nicht durchsetzten.

Eine ganz neue Entwicklung waren Magnesium-Blitz-Blendkörper, die auf Erfahrungen an der Ostfront beruhten. Die Rote Armee setzte dort solche Waffen ein, aber erst im Dezember 1944 reagierten die zuständigen Stellen und wollten eigene Blendkörper dieser Art entwickeln. Es entstanden so eine 8-cm-Blendgranate für Granatwerfer und ein Handwurfleuchtkörper für die Infanteristen. Man fertigte nur wenige Muster. Die Entwicklung konnte nicht mehr abgeschlossen werden.

Was nun den Verbrauch von Handgranaten auf deutscher Seite anging, so stieg dieser im Kriegsverlauf erwartungsgemäß stark an.

Im Jahr 1941/42 lag der Verbrauch bei etwa 870.000 Handgranaten, was sich bis zum Jahr 1943/44 auf 2.300.000 steigerte – pro Monat.

Die Herstellung der Handgranaten der verschie-

Stielhandgranate in einem Museum. Mitunter nutzten auch die Gegner erbeutete deutsche Handgranaten.

denen Typen erforderte überdies eine Menge Rohstoffe und band Arbeitskräfte. Aufgrund des Kriegsverlaufs und der zunehmend schwierigen Rohstoffversorgung musste man immer wieder zu Improvisationslösungen greifen.

Ein Beispiel dafür war etwa die Behelfshandgranate. Diese kam im März 1943 zur Truppe und wog etwas mehr als ein halbes Kilogramm. Dabei handelt es sich um eine denkbar einfache Konstruktion. Der Topf bestand aus Beton, in den man die Sprengladung einfach eingoss und den Holzstiel anbrachte.

Ähnlich sah es auch bei den Einhandgranaten aus, die man ebenfalls mit Zement fertigte. Diese kamen Ende 1944 zum Einsatz, als die Rohstoffversorgung immer knapper wurde. Die Handgranaten wurden aus Zement mit Eisenschrotteinlage gefertigt. Doch diese vereinfachte Fertigung führte zu Rissen im Zement und beeinträchtigte die Wirkung.

Als Volkshandgranate 45 bezeichnete man dann eine der größten Sparmaßnahmen auf diesem Gebiet. Sie bestand aus einer Pappdose, die fünf Zentimeter im Durchmesser und sieben Zentimeter in der Höhe maß und mit Zement, Kies und Eisenschrott ausgegossen war. Aus Spargründen kamen nur noch 36 Gramm Sprengstoff zum Einsatz. Als Zünder nutzte man Abreißzünder, die auf dem Blechdeckel der Dose angebracht waren.

Im Januar 1945 eingeführt, wollte das Unternehmen Preussag-Rudersdorf etwa 100.000 Stück im Monat herstellen – dies hätte im Vergleich zur konventionellen Stielhandgranate eine Einsparung von über 22 Tonnen Stahl, fast 13 Tonnen Sprengstoff und knapp 70 Tonnen Holz bedeutet. Ihre Wirkung war jedoch nicht so stark wie bei den konventionellen Handgranaten.

Zwei besonderen Entwicklungen stellten die Nipolit-Handgranaten und Detonierende Pulverscheiben (DPS) dar.

Die Firma WASAG arbeitete seit dem Sommer 1942 mit dem neuen Sprengstoff Nipolit und wollte ihn für die Handgranatenproduktion verwenden. So gab es Versuche sowohl für neue Eihandgranaten als auch für einen neuen Topf für eine Stielhandgranate. Dieser neue Sprengstoff erlaubte es, ihn ohne oder nur mit einer dünnen Metallumhüllung zu verwenden. Um die Splitterwirkung zu erzielen, wollte man die bislang gebräuchlichen Splitterringe verwenden.

Was die DPS angeht – die vom Waffenamt später als »Scheibengranaten« bezeichnet wurden – so handelte es sich hier um Scheiben aus dem neuen Sprengstoff Nipolit, die zur Panzerbekämpfung verwendet werden sollten. Die Scheiben mit einem Durchmesser von acht Zentimetern (bei 1,6 Zentimetern Dicke) sollten etwa in die Sehschlitze geschoben werden. Um die Wirkung zu steigern, ließen sich auch mehrere dieser Scheiben kombinieren. Auch zur Bunkerbekämpfung sollten diese Scheiben eingesetzt werden. Als Zünder diente der Brennzünder der Eihandgranate. Eine Produktion der DPS ist bis heute nicht nachweisbar, zumal der Einsatz einiges an Gefahren barg.

Hört man die Bezeichnung »Panzerwurfmine« denkt der eine oder andere sicherlich eben an eine Mine. Doch die von den Deutschen entwickelte Panzerwurfmine kam wie eine Handgranate zum Einsatz (deswegen wird sie auch in diesem Abschnitt behandelt). Eigentlich ein Entwurf der Luftwaffe, sollte diese Waffe gegen Panzerfahrzeuge geschleudert werden. Sie arbeitete mit einer Hohlladung, war 53,3 Zentimeter lang und verfügte am Heck über ein Vier-Flächen-Leitwerk zur Stabilisierung der Flugbahn. Allerdings bewährte sich diese Waffe nicht.
Im Juli 1944 ersetzte man sie durch das Modell Kz (kurz). Mit dieser ein Kilogramm schweren Wurfmine konnten bis zu 150 Millimeter Panzerstahl durchschlagen werden. Die Stabilisierung der Flugbahn erfolgte hier über ein sich abrollendes, breites Stoffband.

Auch die Panzerhandminen sortierten sich bei den Nahkampfmitteln ein, die der Soldat von Hand gegen den Feind schleuderte oder sie an Fahrzeugen anbrachte.
Die Panzerhandmine 3 etwa war eine 27 Zentimeter hohe Waffe in Flaschenform, die noch über drei starke Magnete verfügte, um sie auch an Fahrzeugen befestigen zu können. Überdies verfügte sie noch über drei Dornen, damit sie auch an Untergründen mit starker Schutzschicht hielt.
Erstmals kam die Panzerhandmine 3 im Mai 1942 am Wolchow zum Einsatz und war in der Lage, mit ihrer Hafthohlladung bis zu 130 Millimeter Panzerstahl zu durchschlagen.

Besprechung in der Stellung. Im Laufe der Jahre kamen deutscherseits viele verschiedene Handgranaten zum Einsatz. Die bekannteste dürfte aber die Stielhandgranate sein.

Es gab zudem noch die Panzerhandmine 4 – dabei handelt es sich um eine vergrößerte Variante der Panzerhandmine 3. Bei der 4er-Ausführung fanden sich stärkere Magnete und eine verstärkte Hohlladung, die bis zu 150 Millimeter Panzerstahl durchschlagen konnte.
Was Produktions- und Verbrauchszahlen angeht, so liegen hierzu bislang keine genauen Angaben vor, zumal es auch noch kleinere Ausführungen gab, die sich aber allesamt nicht bewährten.

Eine Nische innerhalb der Nische stellten die kugelförmigen Rollbomben dar, die ebenfalls zu den Handgranaten zählten. Sie gab es in verschiedenen Gewichtsklassen. Die größte war diejenige der Klasse 30 Kilogramm, bei der armierter Zement zum Einsatz kam, in den dann Stahlschrott eingegossen wurde – mit einer Sprenglandung von 5,5 Kilogramm.

Der Verbrauch an allen Fronten erreichte in den Monaten August/September 1944 seinen Höhepunkt mit mehr als 17 Millionen Handgranaten, über 430.000 Blendkörpern und 51.000 Hafthohlladungen.
Das Jahr 1943 sah den größten Produktionsausstoß des Krieges mit 59,62 Millionen (!) Handgranaten.

Von oben herab

Deutsche Granatwerfer

Vorführung eines Granatwerfers. Das System Granatwerfer ist dabei so einfach wie effektiv...

...dennoch gehört Übung dazu, bis eine Bedien-Mannschaft eingespielt ist und die Waffe effektiv nutzen kann kann ...

..., wie etwa diese Aufnahme einer Granatwerferstellung der Waffen-SS zeigt.

Der Granatwerfer ist ein einfaches, effektives Steilfeuergeschütz. Es gab verschiedene Ausführungen, die sich in Größe und Kaliber unterschieden. Kleinere Modelle konnten von Mörsertrupps bedient werden. Dabei ist es aber wichtig zu verstehen, wann man von einem Granatwerfer, einem Minenwerfer oder einem Mörser spricht. Diese Begriffe bezeichnen im Grunde genau dasselbe System, nur zu unterschiedlichen Zeitpunkten.
Der Minenwerfer ist von seinem Prinzip her ein Waffensystem, mit dem sich Munition mit Minenwirkung verschießen lässt. Bei einem Gewicht von mehr als 4,6 Kilogramm sprach man von einem Minen-, bei weniger Geschossgewicht von einem Granatwerfer in den Reihen der Kaiserlichen Armee. Nach der deutschen Niederlage 1918 diente der Begriff »Minenwerfer« als Tarnbezeichnung für Infanteriegeschütze größeren Kalibers.
Als Deutschland nach der Machtübernahme der Nationalsozialisten aufrüstete, bürgerte sich der Name Granatwerfer ein.
Heutzutage werden solche Steilfeuergeschütze zur Kampfunterstützung als Mörser bezeichnet.

Der Granatwerfer der Wehrmacht geht auf das Ende des Kaiserreichs zurück. Nach dem Ende des Ersten Weltkrieges beließ der Versailler Vertrag jeder Infanterie-Division der neuen Reichswehr drei Minenwerferkompanien mit drei mittleren und acht leichten Minenwerfern. Schwere Minenwerfer waren für die neue deutsche Armee verboten.
In den folgenden Jahren gab es verschiedene Überlegungen, um die Struktur dieser Verbände zu reorganisieren. Auch ging es darum, mit neuen Entwicklungen Schritt zu halten und neue Modelle zu entwickeln. Doch die Geldmittel für das Militär waren in der Weimarer Republik knapp bemessen. Man sparte, wo man konnte, so dass im Jahr 1933 jedes Infanterie-Regiment über eine Minenwerfer-Kompanie verfügte, die wiederum auf vier

Granatwerfer 36 in einem niederländischen Museum. Seine Entwicklung begann im Jahr 1934 bei Rheinmetall.

leichte und zwei mittlere Minenwerfer zurückgreifen konnte.

Zu Beginn der 1930er-Jahre begann man auf deutscher Seite dennoch mit der Entwicklung neuer Granatwerfer der Kaliber fünf Zentimeter (leicht) respektive acht Zentimeter (schwer). Beide basierten auf dem bekannten, britischen Stokes-Brandt-Granatwerfer, der auch anderen Armeen als Ausgangsbasis für eigene Entwicklungen auf diesem Gebiet diente.

Zu Beginn des Zweiten Weltkrieges war dann jede deutsche Infanteriekompanie mit drei leichten Granatwerfern ausgerüstet.

Einer davon war der 5-cm-Granatwerfer 36. Ebenfalls zu dieser Zeit verfügte die MG-Kompanie eines Infanteriebataillons über einen Zug, der mit sechs 8-cm-Granatwerfern 34 ausgestattet war.

Der leichte Granatwerfer 36 kam in den Jahren 1936/37 zur Truppe. Er gehörte zu den leichten

5-cm-Granatwerfer 36	
Kaliber	50 mm
Mündungsgeschwindigkeit	75 m/s
Rohrlänge	465 mm
Gewicht	14 kg
Granatgewicht	0,9 kg
Einsatzreichweite	575 m

8-cm-Granatwerfer 34	
Kaliber	81,4 mm
Mündungsgeschwindigkeit	172 m/s
Rohrlänge	1143 mm
Gewicht	57 kg
Granatgewicht	3,5 kg
Einsatzreichweite	2400 m

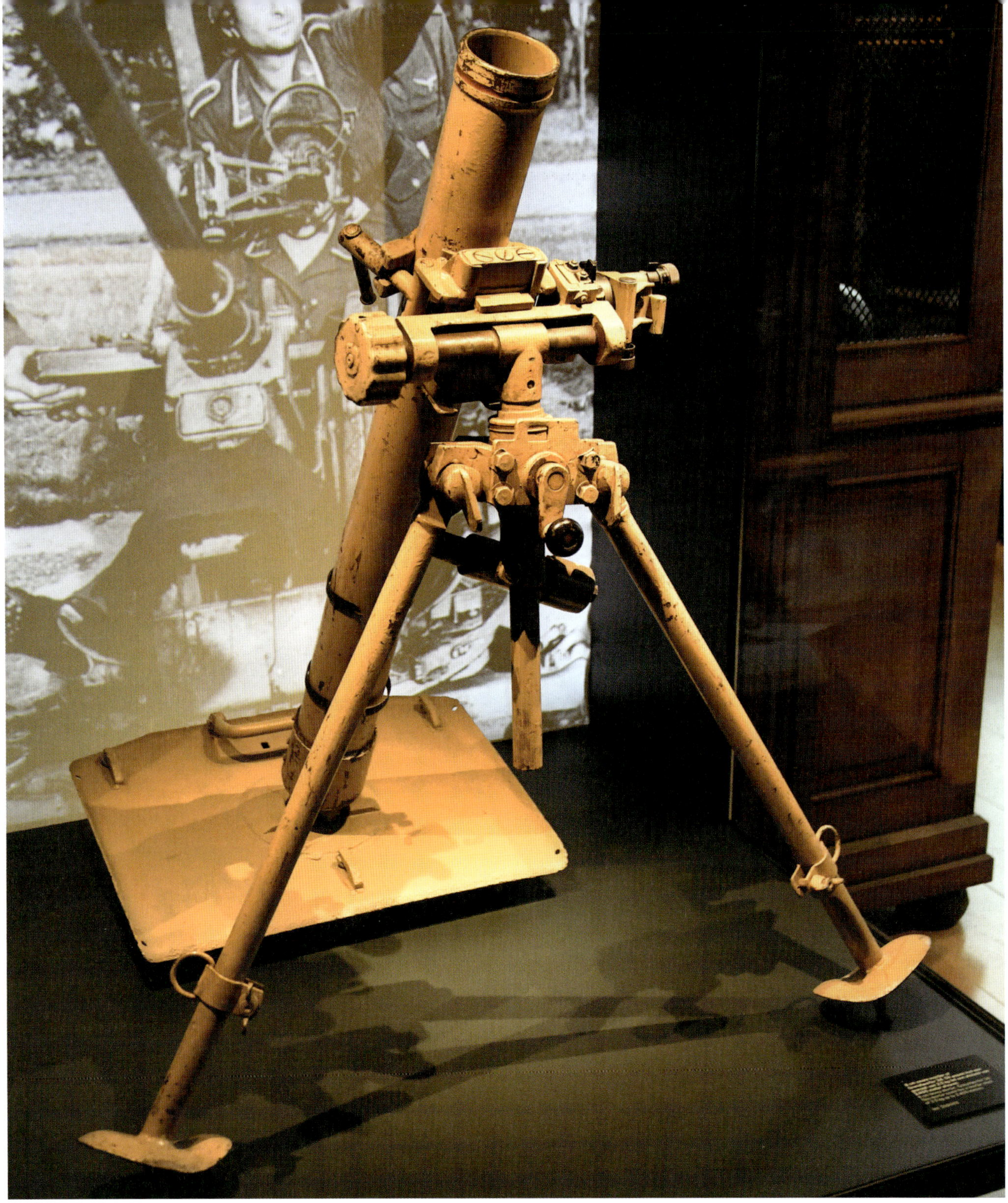

Ein weiterer deutscher Granatwerfer, den die Wehrmacht unter anderem beim Kampf um die Brücke von Arnheim 1944 einsetzte.

Granatwerfertrupps der Schützenkompanien. Sein Sinn lag darin, gegen plötzlich auftauchende Widerstandsnester zu wirken, die das Vordringen der Infanterie behinderten. Die Wirkreichweite betrug 75 bis 575 Meter. Diese Schussweite wurde aber immer wieder von den Soldaten bemängelt, neben der, wie es hieß, ungenügenden Wirkung der Munition.

Die Fertigung des Granatwerfers 36 lief bis in das Jahr 1943 hinein. Bis zu diesem Zeitpunkt waren etwa 30.000 Stück produziert worden.

Versuche an der Front mit französischen und ins-

Die Wehrmacht führte verschiedenen Modelle an Granatwerfern in ihre Reihen ein, die für unterschiedliche Zwecke...

...eingesetzt wurden. Später baute man sogar einen russischen Granatwerfer nach. Manche Soldaten schossen, wie hier, Erinnerungsfotos mit »ihren« Mörsern.

besondere russischen Modellen zeigten, dass deren Munition weit höhere Reichweiten und Wirkungen erzielte als die deutschen Granaten. Das führte dazu, dass die Truppe dazu überging, erbeutete französische und russische Modelle zu nutzen.

Den 8-cm-Granatwerfer Modell 34 entwickelte Rheinmetall ab dem Jahr 1932. Das Gewicht dieses Vorderladers lag bei 57 Kilogramm. Er bestand aus einem Rohr mit Verschlusskappe, einem Zweibein mit Richtmaschinen, einem Richtaufsatz und der Bodenplatte.
Ab dem Jahr 1937 kamen die ersten Granatwerfer zur Truppe. Bei Kriegsbeginn verfügte die Wehrmacht über etwas mehr als 3600 Stück.
Stellenweise montierte man den Granatwerfer auf Fahrzeuge, wie etwa das Sonderkraftfahrzeug 250/7, dort trug der Granatwerfer dann die Bezeichnung 67.
Bis in den März 1945 produzierten die Deutschen mehr als 73.000 Exemplare des Granatwerfers Modell 34. Allerdings erwies sich dieses Modell schon während des Russlandfeldzuges als veraltet.
Es gab deswegen noch eine Weiterentwicklung dieses Granatwerfers und zwar den 8-cm-Granatwerfer »kurz« »Stummelwerfer« bekannten als kurzen 8-cm-Granatwerfer 42.
Allerdings kam selbst diese Weiterentwicklung nur begrenzt zur Truppe, da der neue 120-mm-Granatwerfer in die Produktion ging und die knappen Ressourcen und Kapazitäten für das größere Kaliber verwendet wurden.

Ein größeres Kaliber war der 12-cm-Granatwerfer 1942, der auf Erfahrungen aus dem Russlandfeldzug basierte. Während der Kämpfe im Osten zeigte sich, dass die russischen Granatwerfer den deutschen an Reichweite und Wirksamkeit überlegen waren. Man nutzte in der Folge auch Beutewaffen, um diese Schwäche zu kompensieren. So gab es bald eine deutsche Anleitung für das russische Beutegerät, damit die Soldaten damit umgehen konnten.
Schon im September 1941 beantragte das Heereswaffenamt den Nachbau des russischen 120-mm-Granatwerfers 38, der aber erst im Frühjahr 1942 die Genehmigung erhielt.
Hersteller dieses Granatwerfers war die Brünner Maschinenfabrik. Der monatliche Ausstoß wurde 1943/44 mit 300 Stück beziffert. Im folgenden Jahr sollte der monatliche Ausstoß auf 1500 (!) Stück steigen – aufgrund von Rohstoffmangel, Arbeitskräftemangel und dem Kriegsverlauf eine utopische Vorstellung.

Der 73-mm-Propaganda-Werfer 41 gehört zwar zu den Werfern, stellt aber keine Waffe im eigentlichen Sinne dar. Das Gerät war elf Kilogramm schwer und verschoss eine 2,8 Kilogramm schwere und etwas mehr als 40 Zentimeter lange Rakete, die mit bis zu 250 Flugblättern gefüllt war. Der Feststofftreibsatz sorgte für eine Reichweite von etwas mehr als 3000 Metern. Es gab aber immer wieder Probleme mit dem Raketenantrieb, so dass es immer wieder Schwierigkeiten mit der Abnahme gab.

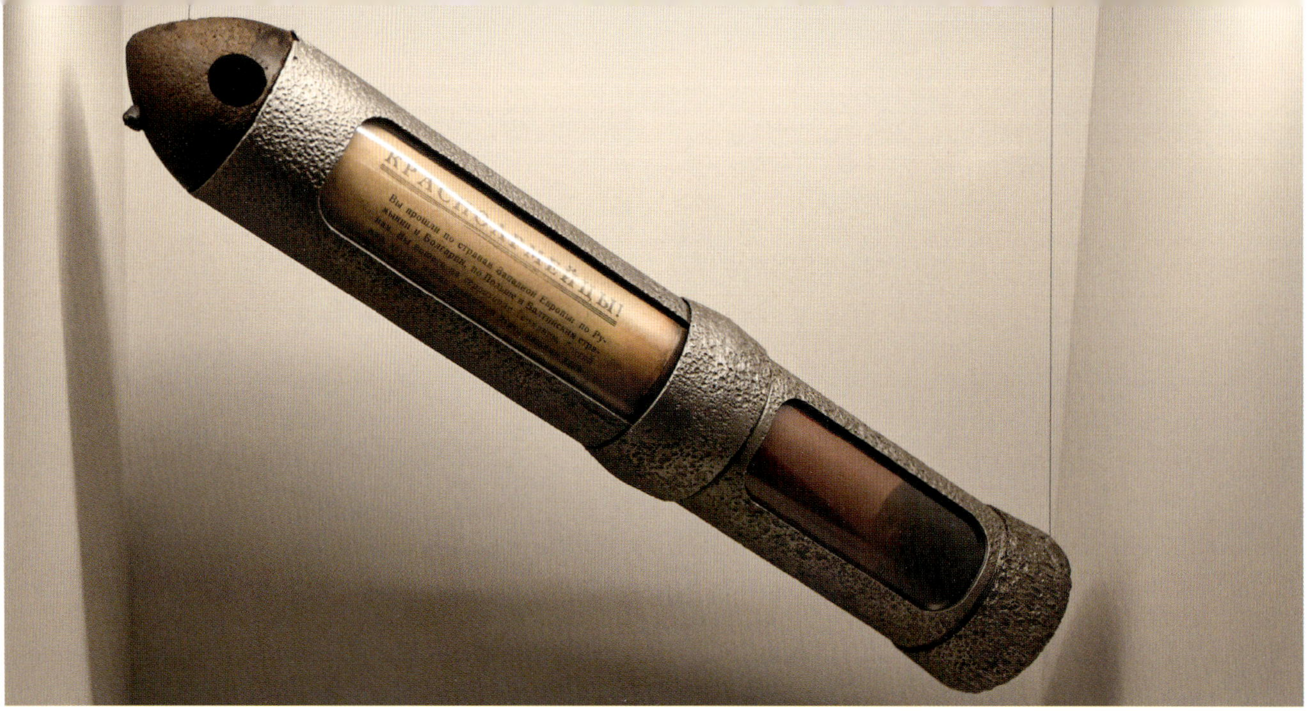

Eine ganz besondere Munition, die aus einem speziellen »Propagandawerfer« verschossen wurde. Dabei handelt es sich um ein sogenanntes Propagandageschoss, in dem sich Flugblätter befanden – zu sehen im Agentenmuseum in Berlin.

Was Salvenfeuer anging, verfügte man über einen 8-cm-Reihenwerfer. Dieser bestand aus französischen Beutewerfern Gr. W 278 (f). In den deutschen Feldwerkstätten montierte man 16 davon in zwei Reihen auf den französischen Schützenpanzerwagen Somua MCQ – dieses Fahrzeug trug die Bezeichnung S 307 (f). Daneben gab es noch eine Ausführung mit 20 Rohren – S 303 (f). Im März 1945 soll es davon noch insgesamt 150 Stück gegeben haben.

Der Maschinengranatwerfer M 19 war für den Einbau in Festungstürmen vorgesehen und verwendete abgeänderte Munition. Drei Mann gehörten zur Bedienmannschaft, die ihre Granaten über eine Entfernung von 600 Meter verschießen konnte. Ursprünglich war die Lieferung von 880 Stück vorgesehen. Später strich man den Auftrag auf 168 Stück zusammen. Im November 1939 endete die Produktion nach 98 hergestellten Werfern, da die Leistungen nicht mehr dem aktuellen Stand entsprachen.

Rekruten im bekannten Drillich bei der Ausbildung an einem »kleinen« Granatwerfer.

Eine Mischung aus Mine und Werfer stellte der 7,6-cm-Springminen-Werfer dar. Dieses Projekt stammt aus dem Jahr 1944. Mit dieser Waffe sollten die Minen vor den eigenen Linien verteilt werden. Durchsetzen konnte sich dieser Werfer nicht.

Daneben fanden sich zahlreiche weitere Geräte anderer Nationen in den Reihen der Wehrmacht. So etwa der österreichische 8-cm-Granatwerfer 33 (ö), eine Variante des Stokes-Brandt-Werfers. Davon waren etwas mehr als 220 Stück im Gebrauch. Die Rohrlänge betrug 1130 Millimeter. Die Reichweite lag bei 1900 Metern.
Ebenfalls bereits vor Beginn des Zweiten Weltkrieges in deutschen Diensten war der tschechoslowakische Gr.W 36 (t) mit mehr als 500 Stück. Skoda lieferte im Jahr 1940 noch einmal 49 weitere Granatwerfer, die über ein 1140 Millimeter langes

Eine Granatwerferstellung im Winter. Schön zu erkennen ist, dass der Granatwerfer – hier ein 8-cm-Granatwerfer 34 von Rheinmetall – noch den Mündungsschutz trägt.

Deutsche Fallschirmjäger im Kampf beim Laden eines Granatwerfers.

Rohr verfügten und die Granaten bis zu 3400 Meter weit schießen konnten.
Von der polnischen Armee kamen der 8,1-cm-Werfer 31 (p) und 36 (p) als Beutewaffen bei der Wehrmacht zum Einsatz. Ersterer wies eine Rohrlänge von 1260 Millimetern auf und konnte seine Granaten (3,3 Kilogramm) bis zu 3030 Metern weit schießen. Schwere Granaten gab es ebenfalls für diese Waffe, die dann zwar mehr Wirkung zeigten, deren Reichweite aber kürzer ausfiel. Etwas über 200 würden für Ausbildungszwecke übernommen. Fast 700 Exemplare verkaufte Deutschland ins Ausland.
Was den 36 (p) angeht, so handelt es hier um einen 12,6 Kilogramm schweren Werfer, der ein 396 Millimeter langes Rohr hatte und seine Granaten knapp 800 Meter weit verschießen konnte.
Von den Belgiern übernahm die Wehrmacht ebenfalls einen Werfer, der unter der Bezeichnung 5-cm-Werfer 201 (b) Eingang in die deutschen Reihen fand. Dabei handelte es sich um eine Waffe mit einem 188 Millimeter langen Rohr, das mehr einem Schießbecher auf einem Dreibein-Stativ glich, aber dafür mit nur 7,8 Kilogramm leicht war und seine Granaten fast 600 Meter weit verschießen konnte.
Ansonsten kamen auch Werfer von anderen Nationen – wie von Frankreich oder der Sowjetunion – zum Einsatz. Mangels eigener Alternativen war die Wehrmacht auf diese Muster angewiesen, um sie etwa beim Küstenschutz, bei Besatzungstruppen oder anderen Stellen einzusetzen.

Es gab zudem noch weitere Entwicklungen, die sich aber nur bedingt oder gar nicht durchzusetzen vermochten.
Eine davon war der 5-cm-Maschinengranatwerfer M 19 des Unternehmens Rheinmetall-Borsig. Im

Jahr 1934 begannen die Arbeiten an diesem Projekt, das bis zu 120 Granaten in der Minute verschießen sollte. Es war angedacht, diesen Maschinenwerfer als stationäres Granatgerät in den Westwall zu integrieren. Über das Versuchsstadium ging es aber nicht hinaus.
Auch sollte auf Forderung des Heereswaffenamts ein leichter Granatwerfer 40 entstehen. Rheinmetall, Mauser und Skoda beteiligten sich an der Ausschreibung und legten auch Entwürfe vor, die aber alle nicht die geforderte Schussweite von 800 Metern erreichten.
Der von Skoda entwickelte Druckluftwerfer stellte eine ganz besondere Waffe dar. Solche Modelle mit Pressgas gab es schon im Ersten Weltkrieg, doch durch verschiedene Probleme gab man diese Versuche wieder auf. Skoda, schon 1917 mit dem Projekt beschäftigt, griff die Idee ab 1942 wieder auf. Zwei Modelle entstanden mit 1700 Millimeter langem Rohr und einer Schussweite von 1200 Metern. Schießversuche auf dem Schießplatz Kummersdorf mit einem Aurol-Gasgemisch sollten die Reichweite auf 1800 Meter steigern. Die Versuche wurden nicht abgeschlossen und das Projekt versandete.

Neben diesen beschriebenen eingeführten, weiterentwickelten und nicht über das Versuchsstadium oder gar nur auf dem Reißbrett existierenden Werfern gab es noch eine ganze Reihe von weiteren Entwicklungen, etwa für den Einbau auf oder in Fahrzeugen.
Das wirft auch ein Schlaglicht auf ein großes Problem der deutschen Rüstungsindustrie: die schwierige und oft suboptimale Verteilung der knappen Ressourcen auf die (zu) vielen Projekte. Dennoch gelten einige der deutschen Granatwerfer als gelungene und durchdachte Konstruktionen

Kopf runter! Feuer frei! Bedienung im Einsatz.

8-cm-Granatwerfer 42	
Kaliber	81,4 mm
Mündungsgeschwindigkeit	-
Rohrlänge	747 mm
Gewicht	26,5 kg
Granatgewicht	3,5 kg
Einsatzreichweite	1100 m

12-cm-Granatwerfer 42	
Kaliber	120 mm
Mündungsgeschwindigkeit	283 m/s
Rohrlänge	1865 mm
Gewicht	285 kg
Granatgewicht	15,6 kg
Einsatzreichweite	6050 m

Nicht auf die leichte Schulter

Deutsche Leichtgeschütze

Eine besondere Form der Infanteriewaffen stellen die sogenannten Leichtgeschütze dar. Dabei handelt es sich um rückstoßfreie Geschütze.
Im Jahr 1930 begannen in Deutschland die Unternehmen Rheinmetall und Krupp mit Versuchen, um den bei einem Abschuss entstehenden Rückstoß zu kompensieren.
Dabei schien die einfachste Lösung zu sein, mit einem Kontergewicht zu arbeiten, wie dies schon der Amerikaner Davis herausgefunden hatte. Jedoch zeigte sich, dass auch auf das Gegengewicht verzichten werden konnte – es ließ sich durch die Kraft austretender Pulvergase ersetzten. Ein Teil der Gase wurde dazu hinten durch eine Düse abgeleitet. So wurde der Rückstoß ausgeglichen, allerdings erforderte dies größere Mengen an Pulver. Zudem verursachten die nach hinten austretenden Pulvergase eine gut sichtbare Rauchwolke und sie wirbelten Staub auf. Damit war die eigene Stellung vom Feind gut auszumachen.
Der Vorteil wiederum lag darin, dass diese Geschütze sehr leicht gebaut werden konnten und verhältnismäßig wenig Platz beanspruchten. Das war auch der Grund, weshalb vor allem die Fallschirmjäger und die Gebirgstruppen diese Art von Waffen einsetzten.

Rheinmetall gehörte zu den Pionieren auf diesem Gebiet. Das Unternehmen präsentierte das LG 1. Es war das Ergebnis von vorangegangenen Mustern, die man zu diesem Geschütz weiterentwickelte. Erstmals kam diese Waffe bei der Luftlandung auf Kreta im Mai 1941 zum Einsatz. Es zeigten sich aber im Kampf Mängel, etwa bei der Lafette und der Munition dieses 7,5-cm-Geschützes.
Das führte zu einer Überarbeitung der Waffe, die zum 7,5-cm-Leichtgeschütz 40 führten.
Das LG 40, mit dem man getrennte Munition verschoss, konnte in fünf Lasten zerlegt werden. Es wog 207 Kilogramm und war samt der Abgasdüse 1150 Millimeter lang. Das Geschütz verschoss die 5,8 Kilogramm schwere 7,5-cm-Granate der Feldkanone mit einer 1,2 Kilogramm schweren Treibladung. Die Reichweite der Waffe lag bei etwa 6500 Metern.
Es gab zudem noch eine Version mit einer Leichtmetalllafette, die 173 Kilogramm wog, wogegen das Stahlrohrmodell, wie eben erwähnt, über 200 Kilogramm auf die Waage brachte.
Um auch gegen Panzer und gepanzerte Ziele effektiv zu wirken, kam es zur Einführung einer Hohlladungsgranate, die fünf Kilogramm wog.

Damit war der Anfang gemacht. Es gab in diesem Kaliber eine ganze Reihe von Entwicklungen, die sich aber alle nicht durchsetzen konnten. Entweder waren sie nicht stabil genug, waren zu schwer oder es gab andere Gründe.
Zudem kam es von Seiten des Waffenamtes zur Forderung nach einer besseren Trefferwirkung der Leichtgeschütze. Dies ließ sich in der Praxis nur mit der Erhöhung des Kalibers bewerkstelligen.
Aus den verschiedenen Projekten entstand so das 10,5-cm-LG 42. Von Rheinmetall entwickelt, stellte die Firma Dürkopp diese Waffe her, die 480 Kilogramm wog und eine Länge von 1835 Millimetern aufwies. Ihre Schussweite lag bei rund acht Kilometern.
Der Werkstoff Aluminium kam bei diesem Leichtgeschütz zum Einsatz. Als dieses aber rationiert und zur Verwendung bei diesem Geschütz verboten wurde, kürzte man die Länge auf 1636 Millimeter und vereinfachte die Waffe – auf diese Weise konnte zumindest das Gewicht gehalten werden.

Auch das Unternehmen Krupp schuf ein Leichtgeschütz im Kaliber von 10,5 Zentimetern. Es ist bekannt als 10,5-cm-LG 40, wog 435 Kilogramm und hatte eine Rohrlänge von 1902 Millimetern. Was die Leistungen anging, so entsprachen diese in etwa denen des 10,5-cm-LG 42, allerdings mit etwas weniger Pulver. Da auch hier der Rohstoffman-

Ein deutsches Leichtgeschütz in der Militärsammlung des Technikmuseums Sinsheim.

gel bald durchschlug, stieg das Gewicht dieser Waffe in der Eisenausführung auf 476 Kilogramm.

Im oberen Kaliberbereich fand sich das von Rheinmetall entwickelte Leichtgeschütz 15-cm-LG 42. Das Gewicht betrug 850 Kilogramm. Die Länge lag bei 2600 Millimetern und es konnten die 38 Kilogramm schweren Granaten des s.I.G verschossen werden. Die Reichweite lag bei 6500 Metern.

Zudem gab es von den beschriebenen Modellen noch unterschiedliche Ausführungen und Varianten, die sich in einigen Details voneinander unterschieden. Neben diesen eingeführten Modellen gab es im Laufe des Krieges und davor weitere Entwicklungen und Projekte, wie etwa Versuche zum Verschießen sogenannter Röchlingraketen oder etwa ein großes Leichtgeschütz mit einer dreiachsigen Lafette und knapp 40 Tonnen Gewicht – wobei dies den Namen »Leichtgeschütz« ad absurdum führte. Wie andere Projekte strich man dieses auch.
Zudem endete die Produktion von Leichtgeschützen im Sommer 1944. Der Pulververbrauch war schlicht zu hoch. Die noch vorhandenen Mittel flossen in andere Rüstungsprojekte. Das ist auch der Grund dafür, dass zum Kriegsende hin nur noch wenige Leichtgeschütze im Dienst waren. So waren es im März 1945 noch 112 Stück des LG im Kaliber 7,5 Zentimeter und 63 Exemplare des LG im Kaliber 10,5 Zentimeter.

7,5-cm-Leichtgeschütz 40	
Gewicht	50 mm
Länge	75 m/s
Kaliber	465 mm
Höhenrichtbereich	14 kg
Reichweite	0,9 kg

10,5-cm-Leichtgeschütz 40	
Gewicht	435 kg
Länge	1902 mm
Kaliber	10,5 cm
Höhenrichtbereich	-15° bis +42°
Reichweite	8000 m

10,5-cm-Leichtgeschütz 42	
Gewicht	480 kg
Länge	1835 mm
Kaliber	10,5 cm
Höhenrichtbereich	-15° bis +42°
Reichweite	8000 m

15-cm-Leichtgeschütz 42	
Gewicht	50 mm
Länge	75 m/s
Kaliber	465 mm
Reichweite	14 kg

Sie schlafen nie

Deutsche Minen

Minen – auch heute noch verbreiten diese Kampfmittel weltweit Angst und Schrecken. Minen schlafen nie. Sie lauern, bis sie aktiviert werden und dann bringen sie die Vernichtung – manchmal erst nach Jahrzehnten. Immer wieder geraten auch Zivilisten in den Wirkungsbereich dieser Kampfmittel.
So heimtückisch Minen auch sein mögen, so einfach ist ihr Daseinszweck. Sie haben die Aufgabe feindliche Soldaten und/oder Fahrzeuge außer Gefecht zu setzen und so die Bewegung des Gegners zu lähmen. Eine weitere Verwendung dieser Waffen ist die Zerstörung von Infrastruktur.
Und auch im Zweiten Weltkrieg kamen diese Waffen bei den kriegführenden Nationen zum Einsatz, so auch bei der Wehrmacht. Allerdings ordnete man diesem Nahkampfmittel zunächst keine große Bedeutung zu und sah von einer breiten Verwendung ab. Dennoch hatte man seit den Zeiten der Reichswehr Minen in den Arsenalen.
Die deutschen Minen des Zweiten Weltkrieges sind relativ unbekannt. Dabei verfügte die Wehrmacht über eine Fülle an verschiedenen Minen, aus unterschiedlichen Materialien und auch für variable Einsatzzwecke.
Aufgrund der Vielfalt sei deswegen nur auf einige der Haupttypen eingegangen, die mal mehr und mal weniger wirksam waren. Dabei lassen sich aber für den Einsatz als Nahkampfmittel zwei grund-

Das Verlegen und das Bergen von Minen ist eine heikle Angelegenheit.

Eine Panzermine wird durch die Wehrmacht kontrolliert zur Explosion gebracht.

sätzliche Typen unterscheiden, nämlich einmal die Panzerabwehrminen und zum anderen die Schützenabwehrminen.

Die Tellermine 29 entstand im Jahr 1929. Bis 1932 sollten jährlich 6000 dieser Minen beschafft werden – zu einem Stückpreis von 51 Reichsmark. Im Rahmen einer Planstudie erhöhte man im Jahr 1931 die Beschaffung auf über 61.000 Stück. Diese Mine besaß drei Aufnahmekanäle für den Zug-Druck-Zünder im Deckel. An der Seite befanden sich weitere Kanäle, die eine Wiederaufnahme der Waffe verhindern sollte (mittels Entlastungszünder). Der Auslösedruck dieser Mine variierte zwischen 45 und 125 Kilogramm.

Von der Tellermine 35 gab es gleich zwei Versionen: Sie war die Standardpanzermine der Wehrmacht bis zum Jahr 1942. Druck auf den Deckel löste den Zünder aus, der dann die Sprengladung zur Explosion brachte. An den Seiten und im Boden gab es weitere Zugzünder und Entlastungszünder, die die Mine vor der Wiederaufnahme sichern sollten.
Bei der Tellermine 35 Stahl änderte man die Druckplatte ab, so dass sie erst bei höherem Druck auslöste. Lag der Druck bei der Tellermine 35 noch bei 80 bis 100 Kilogramm, so war bei der Stahlversion ein Druck von 225 bis 295 Kilogramm von Nöten, um die Detonation auszulösen.
Auch das Stahlmodell verfügte über diverse Sicherungen gegen die Wiederaufnahme. Sie wog über ein Kilogramm mehr als das Vorgängermodell.

Zwei Soldaten vor einer Mine. Einmal verlegt, kann diese Waffe jahrelang im Boden schlummern.

Tellermine 29	
Gewicht	6 kg
Sprengstoff	4,5 kg TNT
Durchmesser	454 mm
Höhe	70 mm
Auslösedruck	45 – 125 kg

	Tellermine 35	**Tellermine 35 Stahl**
Durchmesser	320 mm	320 mm
Höhe	80 mm	80 mm
Gewicht	8,7 kg	9,75 kg
Sprengstoff	TNT	TNT
Auslösedruck	80 – 100 kg	225 – 295 kg

Eine Weiterentwicklung der Tellermine 35 stellte die Tellermine 42 dar. Sie unterschied sich in erster

Eine Minenexplosion während einer Übung. Der Umgang mit den Explosivkörpern erforderte eine intensive Ausbildung.

	Tellermine 42	Tellermine 43
Durchmesser	324 mm	318 mm
Höhe	102 mm	90 mm
Gewicht	7,8 kg	7,8 kg
Sprengstoff	Amatol	Amatol
Auslösedruck	340 kg	320 kg

	Schrapnellmine 35	Stockmine 43
Durchmesser	102 mm	72 mm
Höhe	127 mm (ohne Zünder)	158 mm
Gewicht	4 kg	2,1 kg
Sprengstoff	TNT	TNT
Auslösedruck	6,8 kg	4 – 6 kg

Linie durch eine kleinere Druckplatte vom 35er-Modell, dazu durch einen vereinfachten Druckzünder und Nebenzündkanäle. Zudem kam ein neuer Sprengstoff zum Einsatz, die Mine war etwas höher und löste erst bei einem Druck von mehr als 300 Kilogramm aus.
Ihr Gewicht war geringer als bei den Vorgängern, so dass sie sich einfacher handhaben ließ, etwa wenn es darum ging »Panzerschnellsperren« anzulegen. Darunter versteht man mehrere miteinander verbundene Minen, die mittels Druckschiene aneinander befestigt sind. Diese lassen sich dann über eine Straße legen oder ziehen und blockieren den Weg. Ebenso einfach kann diese Sperre dann beim Nahen von eigenen Kräften aus dem Weg gezogen werden.
Gleichzeitig war die Tellermine 42 die vorletzte Mine dieser Art. Die letzte von Deutschland im Zweiten Weltkrieg entwickelte Tellermine war die Tellermine 43. Dabei handelt es sich um ein nochmals vereinfachtes Modell. Das 43er-Modell besaß keine Druckplatte mehr, sondern zündete durch Abscheren eines Stiftes im T-Minenzünder 42. Als Wiederaufnahmesicherung diente ein Zugzünder im Minenboden.

Daneben gab es zur Panzerabwehr noch einige »Sondermodelle«: So etwa die sogenannten Panzerschnellminen, wobei sich hinter diesem Begriff einfache Holzkastenminen verbargen, von denen es wiederum zwei Typen gab (A und B), die durch das Abscheren von Holzdübeln entweder durch Zugzünder oder chemischem Zünder zur Detonation gebracht wurden.
Ähnlich arbeite auch die Holzmine 42, die über einen Auslösedruck von 220 Kilogramm verfügte. Der Holzkasten war dabei in vier Bereiche unterteilt, wobei seitlich je die halbe Sprengladung ihren Platz fand, während in der Mitte die Zündung und die Zündladung platziert waren.

Wer nun denkt, dass es wohl nichts einfacheres als Holz für den Minenbau geben kann, der irrt: Die Deutschen verfügten nämlich noch über eine sogenannte Topfmine in ihrem Arsenal, die völlig ohne Metall auskam (und so entsprechend schwerer zu lokalisieren war). Das Gehäuse dieser Mine bestand aus einem Pressstoff, der sich wiederum aus Holz

Aufnahme aus einen Museum mit verschiedensten Minen. Hier sieht man sehr gut die Vielfalt, die bei diesen Waffen herrschte.

und Teer zusammensetzte. Im Inneren arbeitete ein chemischer Zünder in einer Glasampulle, der die Mine (Sprengstoff: Amatol) ab einem Druck von 150 Kilogramm zur Detonation brachte.

Anleihen für den deutschen Minenbau gab es auch bei italienischen Modellen: So stand die italienische Riegelmine B2 Pate für die deutsche Riegelmine 43, die eine etwas kompliziertere, aber wirkungsvollere Variante darstellte. In einem langen Blechkasten (800 Millimeter) wirkt der Deckel mit zwei Scherdrähten als Druckplatte. In diesem Deckel saß zudem der Zünder für die Amatol-Ladung. An den Seiten befanden sich zudem weitere Zünder als Wiederaufnahmesperre. Das Besondere an diesem Modell war, dass es unterschiedliche Druckzonen gab. So lag der Auslösedruck an den Seiten bei etwa 200, in der Mitte dagegen bei 400 Kilogramm.

Eine Riegelmine 43. Durch ihre Länge sollte die Wahrscheinlichkeit eines Auslösens durch Panzer erhöht werden.

Eine deutsche Tellermine 29. Insgesamt sechs Kilogramm brachte diese Mine auf die Waage.

Ein kleines Multitalent stellte eine Mine der Fallschirmpioniere da. Nur leicht bewaffnet, waren diese Truppenteile, die mit Fallschirmen abgesetzt wurden, darauf angewiesen, wirkungsvolle Waffen

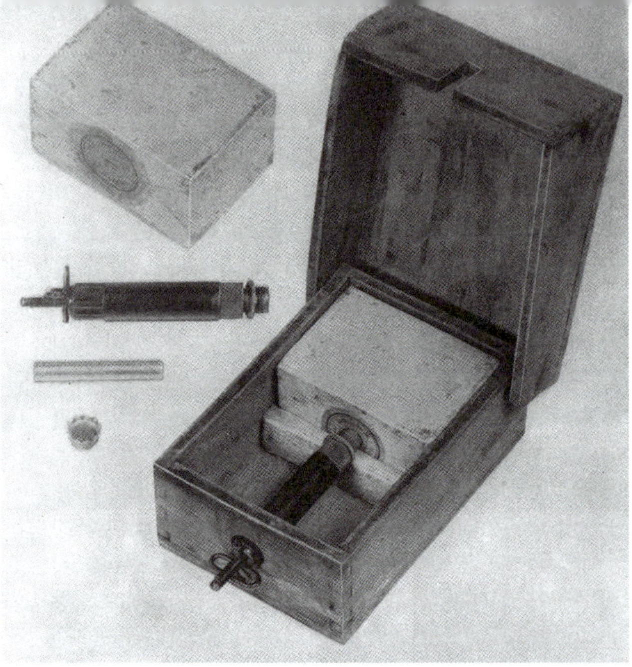

Eine deutsche Schützenmine 42. Ihr Kasten bestand aus Sperrholz. Bis zum Ende des Krieges kam diese Waffe zum Einsatz.

Eine deutsche S-Mine. Das »S« steht dabei für »Splitter« oder »Schrapnell« und nicht für »Schütze«, wie oft behauptet.

dabei zu haben. Die leichte Panzermine der Fallschirmpioniere war so eine Waffe, da sie sich bei Bedarf auch als Schützenabwehrmine einsetzen ließ. Normalerweise als Panzerabwehrmine (mit einem Auslösedruck von 250 Kilogramm) verwendet, musste der Pionier nur die fünf Schrauben im

Eine deutsche Tellermine 35. Diese Stück kann man im Imperial War Museum in London besichtigen.

Deckel entfernen und die Mine auf einen festen Untergrund packen, um sie auch gegen feindliche Infanteristen einzusetzen. Und diese leichte Panzermine bildet nun auch den Übergang zu der anderen Sorte der Minen, den Schützenabwehrminen oder auch S-Minen genannt.

Die bekannteste der S-Minen dürfte wohl die Schrapnellmine 35 sein, die man eben auch als Synonym für die S-Minen verwendet. Diese Schützenabwehrmine konnte auf drei verschiedene Art und Weise gezündet werden, nämlich durch einen Druckzünder, durch seitliche Zugzünder oder auch von fern. Als Sprengstoff kam TNT zum Einsatz. Im Mantel saßen Stahlkugeln, die die Mine bei der Explosion verteilte. Der Auslösedruck bei diesem Kampfmittel lag bei 6,8 Kilogramm. Sie gehörte zu den verbreitetsten Waffen dieser Art in den Reihen der Wehrmacht.

Später kamen Modelle aus Beton, Holz und Glas hinzu. Beton kam bei der Stockmine 43 zum Einsatz. Dahinter verbarg sich ein kleiner, hohler Be-

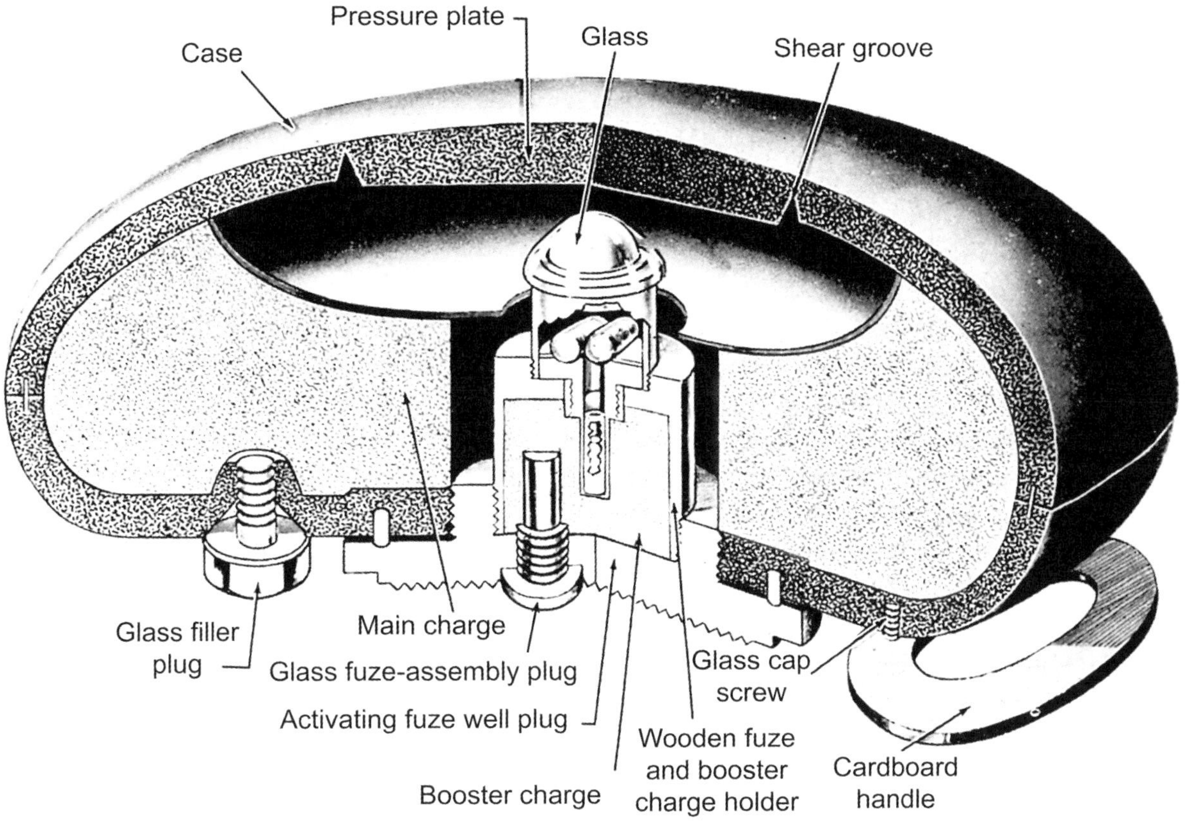

Technische Zeichnung einer deutschen Topfmine. Wie man an den englischen Begriffen erkennt, diente diese Zeichnung dazu, britische und amerikanische Soldaten mit den Waffen des Gegners vertraut zu machen.

tonzylinder, dem man Schrott beimischte. Die Mine löste auf Zug aus und war auf einen etwa einen Meter hohen Holzpfahl montiert.
Eine explosive Sperrholzkiste, das war die Schützenmine 42. Sie wog gerade einmal ein halbes Kilogramm und arbeitete mit dem Sprengstoff TNT und Zugzünder. Ein Druck auf den Deckel (Auslösedruck maximal fünf Kilogramm) zog den Sicherungsstift des Zünders heraus und brachte die Mine zur Detonation.
Das Baumaterial Holz machte es mitunter schwer, diese Mine aufzuspüren, wobei man bei der Glasmine 43 noch einen Schritt weiter ging. Sie war völlig aus Glas gefertigt und gerade einmal zwölf Zentimeter hoch (bei 152 Millimetern Durchmesser). Der gläserne Deckel diente als Scherplatte. Das Zerbrechen des Deckels löste den Gaszünder (SF 14) aus und brachte die Mine zur Detonation.

Und es gab noch weitere Modelle und Varianten, etwa die Eismine 42, die dazu eingesetzt wurde, um Eisdecken zu sprengen und dem Feind den Weg zu versperren (sie wurde gelegentlich auch als Behelfschützenmine verwendet), oder die Behelfsschützenmine A 200, die aus wenig mehr als einem Blechtopf mit einem chemischen Zünder und Sprengstoff bestand.
Hinzu kamen noch Minen aus erbeuteten Beständen, etwa von den Briten, Russen oder Franzosen, die die eigenen Bestände erweiterten.

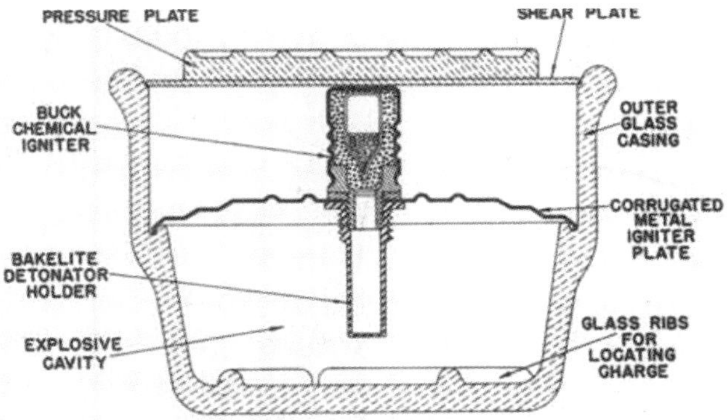

Querschnitt durch eine deutsche Glasmine. Das Perfide an der Konstruktion ist, dass diese Mine durch die Verwendung des Werkstoffs Glas schwerer auffindbar war.

Panzerfaust

Die Panzerfaust dürfte wohl zu den bekanntesten Infanteriewaffen der Sonderkategorie gehören. Allerdings kommt es immer wieder zu Verwechslungen mit anderen Systemen wie dem Panzerschreck (Raketenpanzerbüchse 54) oder der PIAT, die aber im Gegensatz zur Panzerfaust mehrfach benutzt werden können.
Insgesamt gab es vier Ausführungen der deutschen Panzerfaust: Modell 30, 60, 100 und 150. Die Typen unterschieden sich nur geringfügig voneinander und hatten ihre größten Unterschiede in der jeweiligen Reichweite.
Aber was steckt hinter dieser Waffe? Im Grunde handelte es sich bei der Panzerfaust um ein kleines, rückstoßfreies Geschütz, mit dem Infanteristen in der Lage waren, auch Panzer effektiv zu bekämpfen. Mit dem überkalibrigen, panzerbrechenden Hohlladungsgeschoss war es möglich, sogar die Panzerung von schweren Kampfwagen zu durchschlagen.
Aufbau und Bedienung zeigten sich denkbar einfach: Die Rohre beziehungsweise die gesamte Panzerfaust war als »Einmalgerät« ausgelegt. Doch es kam durchaus vor, wenn es die Lage gestattete, dass man die Rohre einsammelte und wieder neu lud. Zum Abfeuern und Zielen klappte der Schütze das Visier hoch, entsicherte, peilte das Ziel an und drückte ab.
Gerade die Einfachheit in der Bedienung führte dazu, dass selbst Kinder, Frauen und alte Menschen die Panzerfaust verwenden konnten. Selbst Unerfahrene waren nach einer kurzen Erklärung dazu in der Lage, diese Waffe zu nutzen.
Aber die Nutzung war nicht so ungefährlich, wie vielfach vermittelt. Der nach hinten austretende Strahl war gefährlich für alle dahinter. Zudem kam es vor, dass die Ladungen nicht explodierten. Und war die Waffe abgefeuert, war die Stellung erkannt – der Gegner wusste nun, wo der Feind saß. Dann konnte sich die fehlende Ausbildung rächen.
Die Grundlagen und das Konzept zur Panzerfaust reichen bis in das Jahr 1941 zurück. Doch der zunächst positive Kriegsverlauf bremsten die Entwicklung der neuen Waffe, so dass erste Prototypen im Jahr 1943 entstanden. Aber schon in der ersten Jahreshälfte 1942 bat das Heereswaffenamt die Hersteller von Munition und Sprengmitteln um die Entwicklung von infanteristisch einsetzbaren Panzerbekämpfungsmitteln. Das Auftauchen der KW-1 und KW-2 und nicht zuletzt des T-34 zeigten die Unzulänglichkeiten der eigenen Ausstattung auf diesem Gebiet.
Daraufhin begannen die verschiedenen Projekte, bei denen vor allem das des Unternehmens HASAG (Hugo Anton Schneider Aktien Gesellschaft) herausstach. Der dort tätige Entwicklungsingenieur Dr. Heinrich Langweiler ersann die ersten Modelle, die den Namen »Faustpatrone« trugen. Unter dieser Bezeichnung kamen die ersten Versuchsvarianten an die Truppe, um Erfahrungen damit zu sammeln.

Eines der bekanntesten Panzerbekämpfungsmittel des Zweiten Weltkrieges: die Panzerfaust.

Panzerfaust	
Kaliber des Rohrs (Modell 30)	45 mm
Mündungsgeschwindigkeit	45 m/s
Länge	1030 mm
Gewicht	5,1 kg
Gewicht Sprengladung	1,5 kg
Maximale Einsatzreichweite	40 m
Durchschlagsleistung	140 mm Panzerstahl

Deutsche Stellung: Auch hier sieht man eine Panzerfaust, die Waffe erlaubte es, mit geringem Mitteleinsatz auch schwere Panzer auszuschalten.

Langweiler ersann eine Hohlladung, die aus einem kurzen Abschussrohr abgefeuert wurde. Durch zwei Warzen in diesem Rohr setzte sich der Gefechtskopf beim Abschuss eine Rotationsbewegung. Das Geschosskaliber lag bei 80 Millimetern, die Einsatzreichweite bei maximal 40 Metern und die Durchschlagskraft bei 140-mm-Panzerstahl.

Daraus ergaben sich dann weitere Entwicklungsstufen, in die die Erfahrungen von der Front einflossen, so etwa der Verzicht auf eine Drallstabilisierung für das Geschoss (Ersatz durch Wickelflügel aus Federstahl), die Kartusche wechselte zu einem 800 Millimeter langen Rohr, die Treibladung wurde vergrößert und der Rückstoß wurde vermieden. Das Gewicht des Gefechtskopfes (Hohlladung) erhöhte man auf rund 1,5 Kilogramm.

Daraus entstand dann der Auftrag »Panzerfaust klein«, der zu Beginn 5000 Stück umfasste. Aber an der Front, vor allem im Osten, zeigte sich schnell, dass diese Panzerabwehrwaffe zu schwach war. Der Schütze musste nahe an sein Ziel heran und der Sprengkopf neigte dazu, an der schrägen Panzerung des T34 – dem russischen Standardpanzer – wirkungslos abzuprallen. Deswegen stellte man die Produktion dieses Typs alsbald zu Gunsten anderer Varianten ein.

Die »Panzerfaust groß« war ein größeres Modell, das Abhilfe an den Fronten schaffen sollte. So wog der Gefechtskopf hier 2,9 Kilogramm und man hatte die Treibladung um mehr als ein Drittel erhöht. Maximal waren 70 Meter Einsatzreichweite möglich. Bis zu 200-mm-Panzerstahl konnten durchschlagen werden.

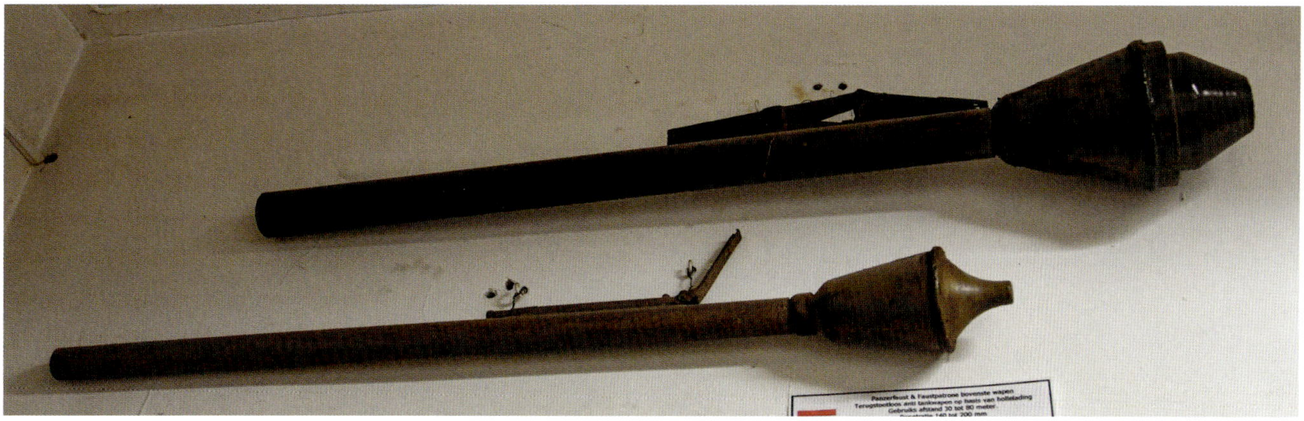

Zwei Panzernahbekämpfungsmittel: oben die Panzerfaust; unten die Faustpatrone.

Reenactment-Veranstaltung im Kriegsmuseum Overloon. Der linke Darsteller hat eine Raketenpanzerbüchse – die immer wieder mal mit der Panzerfaust gleichgesetzt wird, aber eine andere Waffe darstellt.

Landser in seinem Deckungsloch in Erwartung des Feindes. Neben ihm die Panzerfaust.

Auch Versuche mit Schrapnell- und Brandwirkung unternahmen die Deutschen, denn es zeigte sich schnell, dass die Panzerfaust eine einfache und vor allem effektive Waffe zur Panzernahbekämpfung war. Auch Salvenabschussgeräte mit zehn oder 16 Panzerfäusten fasste man ins Auge, verwarf diese Ideen aber wieder. Es kamen aber die stärkeren Versionen 60 und 100 zum Einsatz, wobei wieder die Treibladung erhöht wurde, der Gefechtskopf an Gewicht zulegte und weiter kleinere Veränderungen vorgenommen wurden.

Es dauerte aber noch bis Mitte des Jahres 1944, ehe die verschiedenen Modelle flächendeckend beim Deutschen Heer eingeführt wurden. Was die genau produzierten Stückzahlen angeht, so lassen sich keine Summen seriös belegen. Die Panzerfaust gehörte mit ihren verschiedenen Modellen zu den Massenprodukten Deutschlands.

So konnte erstmals im Oktober 1944 das geforderte Produktionssoll von monatlich 400.000 Panzerfäusten erreicht werden. Im November 1944 verfügte die Wehrmacht über rund eine halbe Million Panzerfäuste. Davon »verbrauchten« die Truppen mehr als eine Viertelmillion – im gleichen Monat. Schon daran lässt sich erkennen, dass es sich um ein Massenprodukt handelte, das schneller und billiger zu produzieren war als etwa der »Panzerschreck«.

Die letzte Ausbaustufe des »Panzerfaustprogramms« war die Panzerfaust 150. Hintergrund war, dass angestrebt war, die Gefechtsköpfe der Panzerfaust und der Raketenpanzerbüchse zu vereinheitlichen, ohne aber die Durchschlagsleistung zu mindern. Die Entwicklung konnte im Frühjahr 1945 abgeschlossen werden und ein erster Auftrag über 100.000 Stück wurde vergeben. Einige gingen noch in die Truppenerprobung, um kurz vor Kriegsende noch Erfahrungen damit zu sammeln.

Das Problem hierbei war, dass es einer Neukonstruktion des Gefechtskopfes bedurfte. Das Gewicht der Sprengladung war zu gering, verschiedene alternative Materialien für den Schmelzkegel standen auf dem Erprobungsplan. Am Ende stand eine wiederverwendbare Panzerfaust, die aber fertigungsaufwändig war. Daher war das Projekt wegen der Materialknappheit schon von Anfang an zum Scheitern verurteilt.

Das führte zu der Situation, dass ein Soldat drei Zigaretten als Prämie erhielt, wenn er ein abgeschossenes Panzerfaustrohr zum Waffen- und Geräte-Unteroffizier brachte – um die Materialknappheit zu lindern.

Die Panzerfaust entwickelte sich zu einer gefürchteten Waffe an allen Fronten. Sie war leicht, schnell zu transportieren, schnell herzustellen und darüber hinaus sehr effektiv.

So belegen Zahlen über bestätigte Panzerabschüsse an der Ostfront im Zeitraum von Januar bis April 1944, dass immerhin 262 davon auf das Konto der Faustpatrone beziehungsweise der Panzerfaust gingen.

Schon bald gab es seitens der Gegner aber erste Gegenmaßnahmen, um dieser Gefahr zu begegnen. Mit zusätzlicher Panzerung wollten sie die Hohlladung schachmatt setzen. So reichten schon Maschendrahtrollen aus, die auf der Panzerung befestigt waren, um die Hohlladung abzufangen und vor dem Durchdringen der Panzerung zur Detonation zu bringen.

Aber es zeigte sich schnell, dass aufgrund des Kriegsverlaufs die Entwicklung der Panzerfaust zu einem Ende kam. Die Luftangriffe der Alliierten zerstörten die Schwarzpulvermühlen, wodurch dieser dringend für die Panzerfäuste benötigte Stoff zu einem Mangelprodukt wurde. Versuche, auf Nitrozellulosepulver umzusteigen, wie man es in den normalen Patronen der Infanteriewaffen nutzte, zeigten nicht den gewünschten Effekt.

Zudem gab es Bestrebungen, die eisernen Abschussrohre durch Modelle aus Leichtmetall zu ersetzen, da auch die Eisen-Produktion – in der Mehrzahl im Ruhrgebiet – unter den feindlichen Angriffen stark litt. Planungen für eine Panzerfaust 250 mit Mehrkammerkartusche und Wiederverwendungsfähigkeit kamen nicht mehr zum Abschluss. Darüber hinaus gab es weitere Versuche mit einer »Splitterfaust« und andere »Projekte«, die aber allesamt im Sande verliefen.

Einer der skurrilsten Versuche dürfte sicherlich der Einsatz in Verbindung mit Flugzeugen sein. So gab es im März 1945 noch das Vorhaben, überzählige Schulungsflugzeuge des Typs Bücker Bü 181 zu Panzerjagdflugzeugen umzurüsten. Dazu befestigte man Panzerfäuste auf den Tragflächen. Hinzu kamen noch drei 50-kg-Bomben.

Erste Exemplare sollten im April zum Einsatz kommen. Dazu kam es jedoch nicht mehr. Zudem wäre es ohnehin fraglich gewesen, was diese Ausführung noch hätte bewirken sollen – die ballistischen Fähigkeiten der Panzerfaust waren einfach zu gering.

Der Entwickler hinter der Panzerfaust – die HASAG aus Leipzig – führte nach dem Krieg die Arbeiten fort, jedoch unter der Regie der Amerikaner, die Interesse an der Panzerfaust 250 zeigten. Von dieser entstanden dann erste Muster. Und auch auf der anderen Seite des Eisernen Vorhangs entwickelte man das Prinzip der Panzerfaust weiter und schuf Waffen wie die Panzerbüchse RPG-2.

Zurückgelassenes Material in Hülle und Fülle. Selbst heute tauchen mitunter noch scharfe Panzerfäuste als Hinterlassenschaft auf.

Raketenpanzerbüchse 54

Was machte der einfache Infanterist bei einem Panzerangriff? Im Zweiten Weltkrieg kam diese Frage vermehrt auf. Als einfacher Landser war man den Kampfwagen in der Regel hilflos ausgeliefert. Zwar gab es die sogenannten Panzerbüchsen, doch diese erwiesen sich im Krieg zwischen 1939 und 1945 als weitgehend nutzlos.
So war schon die auf deutscher Seite gebräuchliche Panzerbüchse 39 im Kaliber 7,92 Millimeter bei Kriegsausbruch mangelhaft, wenn es gegen feindliche Panzerfahrzeuge ging. Nur mit Behelfsmitteln war es möglich, die Stahlkästen auszuschalten. Geballte Ladungen (mehrere Stielhandgranaten zu einer großen zusammengefügt), Molotowcocktails, Hafthohlladungen oder sogar Minen, die man vor die Ketten warf oder zwischen Turm und Wanne einklemmte waren nur bedingt geeignet. Denn der Soldat musste sich dem Panzer nähern, auf ihn klettern, sich überrollen lassen oder ähnliches. Die Wehrmacht war also zu einem Umdenken gezwungen. Und diesmal fand man die Lösung oder Denkanstöße beim Feind.
Im Frühjahr 1943 erbeuteten deutsche Verbände erste Bazookas der US-Armee in Nordafrika. Damit ließen sich effektiv und aus größerer Entfernung Panzer ausschalten. Es folgten sofortige Untersuchungen dieser Waffe in der Versuchsanstalt von Kummersdorf. Das Potential lag auf der Hand. Auf Basis der Bazooka gingen die Entwickler daran, eine eigene Panzerabwehrwaffe an den Start zu bringen.
So entstand der Panzerschreck, der eigentlich Raketenpanzerbüchse 54 hieß. Die Deutschen änderten das Kaliber auf 88 Millimeter und verbesserten noch einige Details. Ein anderer Name für diese Waffe ist übrigens »Ofenrohr« – wegen der Form des Geräts. Charakteristisch für den Panzerschreck ist der Schild für den Schützen. Die ersten Modelle wiesen diesen noch nicht auf, so dass der Soldat am Abzug eine feuerfeste Maske zu tragen hatte (Raketenpanzerbüchse 43). Denn diese Panzerabwehrwaffe verschoss ein Raketenprojektil mit Hohlladung und dem entsprechenden Feuerstrahl. Einen solchen Strahl spie der Panzerschreck auch nach hinten aus. Deswegen war auch der Aufenthalt dahinter sehr gefährlich.
Es gab neben der 88-mm-Version noch eine größere Variante mit 100 Millimetern. Diese Spezialversion verfügte über eine höhere Durchschlagskraft,

Zwei Raketenpanzerbüchsen im Oorlogsmuseum (Kriegsmuseum) in Arnheim. Von diesen Waffen gab es verschiedene Modelle, die allesamt als Antwort auf die Bazooka entstanden.

Raketenpanzerbüchse 54	
Kaliber	88 mm
Mündungsgeschwindigkeit	130 m/s
Länge	1640 mm
Gewicht	9,5 kg
Gewicht der Granate	2,5 – 3,5 kg (je nach Typ)
Einsatzreichweite	100 bis 200 m
Durchschlagsleistung	bis zu 220 mm

wurde aber nur in geringen Stückzahlen hergestellt. Von 1943 an ging diese Waffe in die Produktion und kam Anfang 1944 zu den Grenadiereinheiten der Wehrmacht.

Um einen Schuss abzugeben, wurde als erstes das Schlagstück über den Spanngriff bis in die Auslöserast gespannt, der Stift dabei aus der Spule gezogen und gegen die Spiralfeder gespannt. Das sorgte unter anderem dafür, dass eine automatische Abzugssicherung einrastete. Als nächstes kam die Rakete von hinten in das Abschussrohr. Am hinteren Ende des Rohres befand sich ein kleiner Kasten, in dem der Stromimpuls des Abzuges übertragen wurde. Von dort aus ging der Impuls an die Rakete weiter, die dafür über ein Kabel mit einem kleinen Stecker verfügte, der in einem Steckkontakt des Kästchens steckte.

Ein abgeschossener russischer Panzer wird von den Deutschen Soldaten inspiziert.

Reenactor beim Eyewittness-Event in Overloon. Er trägt die Replik einer Raketenpanzerbüchse. Man sieht, dass das Gerät nicht einfach zu bewegen war.

Damit man sicher sein konnte, dass die Rakete auch korrekt im Rohr lag, verfügte der kleine Kasten über einen Anschlagbolzen, der hörbar in eine Aussparung der Rakete einrasten musste.

Zum Abfeuern drückte man die Abzugssicherung

Karren mit mehreren Raketenpanzerbüchsen – zu sehen im Kriegsmuseum in Arnheim in den Niederlanden.

Fertigmachen zum Angriff: Dazu gehörte auch das Verladen von mehreren Raketenpanzerbüchsen.

im Spanngriff, der vorschnappte und den Abzug freigab. Beim Drücken des Abzuges schnappte der Stahlstift in die Magnetspule und erzeugte den auslösenden Stromimpuls, der dann in die Rakete geleitet wurde und die Treibladung zündete.

Ab Oktober 1943 ging die verbesserte Raketenpanzerbüchse 54 in Produktion, die einen Schutzschild mit Sichtfenster aufwies. Ihr Gewicht hatte sich geringfügig auf elf Kilogramm erhöht.
Bis in den März 1945 liefen die Raketenpanzerbüchsen von den Bändern. Mehr als 300.000 Stück stellten die Deutschen her, dazu dann mehr als zwei Millionen Geschosse. Die Fertigung dauerte etwa zehn Stunden pro Stück und die Stückosten beliefen sich auf – je nach Quelle – rund 70 Reichsmark.
Es gab noch eine verbesserte Version, die man als Raketenpanzerbüchse 54/1 kennt. Sie wies ein etwas kürzeres Rohr auf und verwendete eine optimierte Rakete neben einer besseren Zieleinrichtung.
Meist agierte man in einem Duo. Der Schütze visierte und schoss, während ein anderer Soldat das Raketengeschoss in die Waffe einführte.
Die Herstellung war intensiv und im Vergleich zur Panzerfaust langwierig. So kristallisierte sich schnell heraus, dass die Führung der Panzerfaust den Vorzug vor dem Panzerschreck zu geben bereit war und

ein Auslaufen des letzteren Modells schon fest ins Auge gefasst worden war.
So hieß es im »Sturmprogramm des Heeres« (einer Rüstungsstudie) vom 9. Januar 1945: »*Anzustreben ist ein Panzernahbekämpfungsmittel, wobei der Panzerfaust nach den bisherigen Erfahrungen der Vorzug zu geben sein wird. Bei der Beschränkung auf einen Typ würde sich der Bedarf an Panzerfaust von 600.000 auf 800.000 (pro Monat) erhöhen.*«
Dazu kam es aber bekanntermaßen nicht mehr.
Beide Waffen – Faust und Schreck – gehörten zum sogenannten Wunderwaffenprogramm der Deutschen. Damit sollte der Durchhaltewillen der Soldaten und der Bevölkerung erhöht werden. Aber auch die Raketenpanzerbüchse konnte keine Kriegswende herbeiführen. Der Panzerschreck in den verschiedenen Versionen kam aus unterschiedlichen Fabriken, so etwa von der HASAG, Fa. Kronprinz oder Fa. Scheffler.
Was die Geschosse anging, so verwendete man zunächst die Raketenpanzerbüchsen-Granate 4322, die es in einer Sommer- und einer Winterausführung gab, was sich aber nur auf die Einsatztemperatur bezog.

Zwei Soldaten, von denen einer einen Panzerschreck geschultert hat. Geschosse sind nicht zu sehen.

Bei der Munition gab es kaufen Verbesserungen. Die Granate 4992 war in der Lage, 180-mm-Panzerstahl zu durchschlagen. Ihr Antriebssatz war von kurzer Brenndauer, allerdings mit größerem Schub, was ihre Reichweite auf 200 Meter brachte.
Es gab zudem weitere Versuche, so etwa eine Anleitung zum Anbringen von Halterungen der Raketenpanzerbüchsen auf den Sd.Kfz. 251.

Deutsche Fallschirmjäger passieren einen abgeschossenen Panzer. Ob er mit dem Panzerschreck erledigt wurde, ist unklar.

8,8-cm-Raketenwerfer 43 »Puppchen«

Mehr als ein Spielzeug

Er sah aus wie eine kleine Pak, der 8,8-cm-Raketenwerfer 43, den die Landser schon fast liebevoll »Puppchen« nannten. Eine alternative Bezeichnung war der Name »Püppchen«. Im Jahr 1943 ging diese Waffe in Produktion. Entwickelt von Erich von Holt bei der WASAG, kamen die ersten 700 Exemplare im Oktober 1943 zur Auslieferung.

Der Werfer verschoss Raketenmunition. Das »Puppchen« verfügte über eine Lafette mit einem kleinen Schutzschild. Um die Silhouette zu verkleinern, konnten die Räder der Waffe abgenommen werden. Der besondere Clou war, dass die Waffe samt Lafette auch auf einen Schlitten montiert werden konnte. Ein Nachteil war das hohe Gewicht von fast 150 Kilogramm. Zusammengebaut war er im Gelände schwer zu bewegen. Zwar ließ er sich in einzelne Lasten zerlegen, doch der Aufbau war zeitaufwändig und die Waffe damit nicht schnell einsatzbereit. Gezielt wurde über einfache offene Visierung. Über zwei Handgriffe erfolgte die Ausrichtung auf das Ziel. Wenn der Soldat den Verschluss des »Puppchens« öffnete, spannte sich automatisch die Waffe. Durch Betätigen des rechten Handgriffes ließ sich der Schuss auslösen. Es gab am Verschluss noch eine manuelle Sicherung, die vor dem unbeabsichtigten Auslösen schützen sollte.

Die Kadenz lag bei rund 10 Schuss in der Minute. Die effektive Reichweite bei beweglichen Zielen lag bei rund 250, bei stationären Zielen bei rund 500 Metern. Nachteilig im Einsatz erwies sich, dass die

Ein »Puppchen« – dieses Stück gehört zur Waffensammlung im Kriegsmuseum in Overloon.

Raketenpanzerbüchse 54	
Kaliber	88 mm
Mündungsgeschwindigkeit	130 m/s
Länge	1640 mm
Gewicht	9,5 kg
Gewicht der Granate	2,5 – 3,5 kg (je nach Typ)
Einsatzreichweite	100 bis 200 m
Durchschlagsleistung	bis zu 220 mm

Amerikanische Soldaten untersuchen ein »Puppchen«, das eigentlich 8,8-cm-Raketenwerfer 43 hieß.

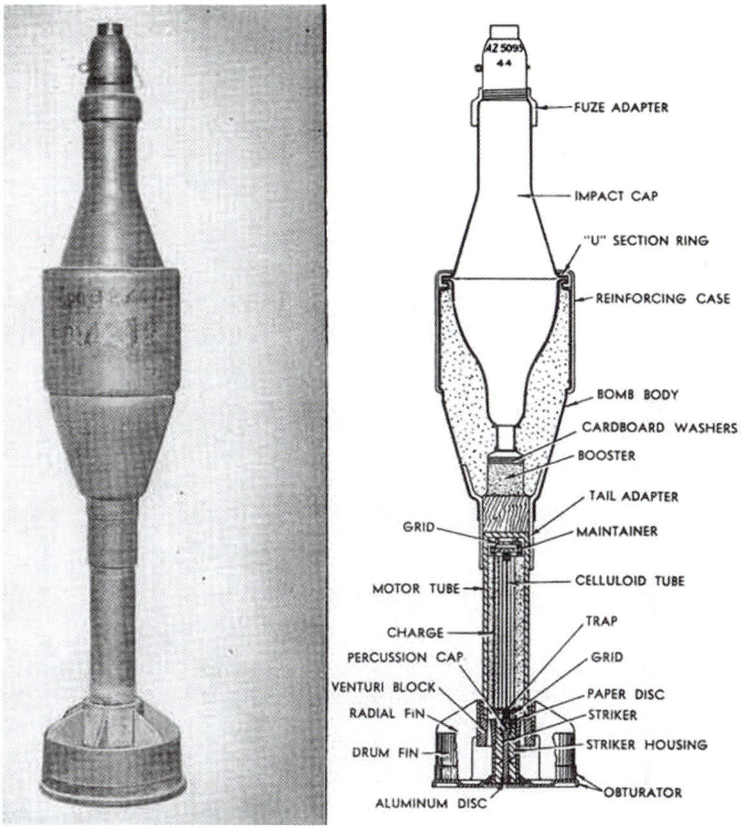

Oben rechts: Bild und technischer Aufbau eines Geschosses, das der Raketenwerfer verschoss.

Waffe starkes Mündungsfeuer und Rauchwolken ausstieß, wodurch der Feind die Stellung schnell erkennen konnte.

Im Februar 1944 endete die Produktion zugunsten der einfacher herzustellenden Raketenpanzerbüchsen 43 und 54. Alle noch in Produktion befindlichen Waffen wurden verschrottet. Denn in Tunesien hatten die deutschen Soldaten erstmals Bazookas erbeutet, auf deren Basis die neuen Waffen entstanden. Dennoch blieb das »Puppchen« in Form der bereits eingesetzten Modelle mangels Alternativen bis Kriegsende im Einsatz. Vor allem auf dem italienischen Kriegsschauplatz erbeuteten die Alliierten eine große Zahl dieser Waffen. Etwas über 3000 Stück wurden produziert. Anscheinend gab es zudem Überlegungen, eine Reihe dieser Waffen auf Fahrzeuge zu montieren – in der Realität schien dies nicht mehr erfolgt zu sein.

Auch die WTS (Wehrtechnische Studiensammlung) der Bundeswehr in Koblenz hat ein Puppchen in ihrem Bestand.

Andere Nahkampfmittel

Neben den gängigen und bekannten Nahkampfmitteln gab es noch eine Reihe weiterer Spezial-Waffen, die bei der Infanterie zum Einsatz kamen. So etwa im Mai 1942, als die Landser am Wolchow die Panzerhandmine 3 einsetzten. Dahinter verbarg sich technisch eine Hohlladung, wie sie schon anderen Stellen zur Bekämpfung von festen Zielen zum Einsatz kam. Sie wog ein Kilogramm und war in der Lage bis zu 130 Millimeter starkes Panzerstahl zu durchdringen.

Um diese Handmine gegen Panzer einzusetzen, verfügte die Waffe über drei U-förmige Magneten, die sie an der Panzerwand festhielten.

Basierend auf dieser Entwicklung entstanden die verbesserte Panzerhandmine 4 und schließlich die Hafthohlladung 3.

Laut Verfügung des OKH (Oberkommando des Heeres) führte man die Hafthohlladung 3 offiziell am 12. November 1942 bei der Truppe ein. Sie wog drei Kilogramm. Ebenfalls ausgestattet mit drei Magneten haftete die Waffe mit 45 Kilogramm am Untergrund – so konnte die Ladung auch an fahrenden Panzern sicher angebracht werden. 140 Millimeter Panzerstahl konnte mit der Hafthohlladung 3 durchschlagen werden. Allerdings war es für den »Verwender« gefährlich die Waffe einzusetzen, schließlich musste er den Panzer direkt angehen.

Die Abschussvorbereitung war dafür umso einfacher: Der Zünder mit der aufgeschobenen Sprengkapsel wurde in den Trichterhals eingeschraubt, dann erfolgte die Entfernung des Eisenringes an den Magneten und das Abschrauben der Abreißkappe vom Zünder. Schon konnte die Ladung an das Ziel angebracht werden und der Brennzünder (7,5 Sekunden) in Gang gesetzt werden.

Mehr als 500.000 Stück in verschiedenen Varianten stellten die Deutschen bis Kriegsende her. Aus Rationalisierungsgründen kamen bald Panzerfaustköpfe bei den Hafthohlladungen (hier das Modell 3,5) zum Einsatz.

Da aber mit der Panzerfaust eine wirksame Waffe bereitstand, hieß es in einem Schreiben des OKH vom 15. Mai 1944, dass man auf die Hafthohlladung verzichten könne.

Im Jahr 1941 mit dem Beginn des Feldzuges gegen Russland und dem Auftauchen der Panzer des Typs T34 zeigte sich eine Schwäche der Infanterie: Man hatte keine geeigneten Panzerabwehrmittel.

Die 3,7-cm-Pak war gegen die Panzerungen nutzlos und auch eine vorhandene schwere Panzerhandgranate 41 (mit zwei Kilogramm Gewicht) war nur in der Lage 35 Millimeter starken Panzerstahl zu durchdringen.

HASAG aus Leipzig, Rinker und WASAG entwarfen verschiedene Modelle, die aber alle an der Muskelkraft der Soldaten und dem nötigen Auftreffwinkel scheiterten.

Aber im Mai 1943 kam eine Entwicklung der Luftwaffe zum Tragen, die das Prinzip erneuerte. Fallschirmjäger und Luftwaffen-Felddivisionen erhielten die neue, als »Panzerwurfgranate« bekannte Waffe. Dabei handelte es sich um eine Hohlla-

Improvisierte Nahkampfkeule – zu sehen im Panzermuseum Munster.

dungshandgranate mit einem 4-Flächen-Leitwerk aus Segeltuch, das für die Stabilität während des Wurfes/Fluges sorgte. Ein verbessertes Modell hatte anstatt des Leitwerks ein abrollendes Stoffband. Allerdings bewährten sich beide Modelle nicht. Es kam schon bei der Ausbildung an diesen Sprengmitteln zu teils schweren Unfällen.
Auch die Waffen-SS beschäftigte sich mit dem Thema und unternahm unter anderem Versuche mit Hohlladungsgranaten, die man an die Außenpanzerung eines Tanks kleben musste.
Brandhandgranaten (ein Glaskörper mit Benzin-Benzol- oder Flammöl-Benzin-Mischung) kamen ebenfalls zum Einsatz, wobei es hier zu keiner groß angelegten Produktion kam. Die Soldaten stellten große Teile dieser Handgranaten im Selbstbau her.

Schießbecher für Karabiner, panzerbrechende Munition für Leuchtpistolen und andere Entwicklungen sollten den Landsern helfen, sich gegen Panzer zu verteidigen.

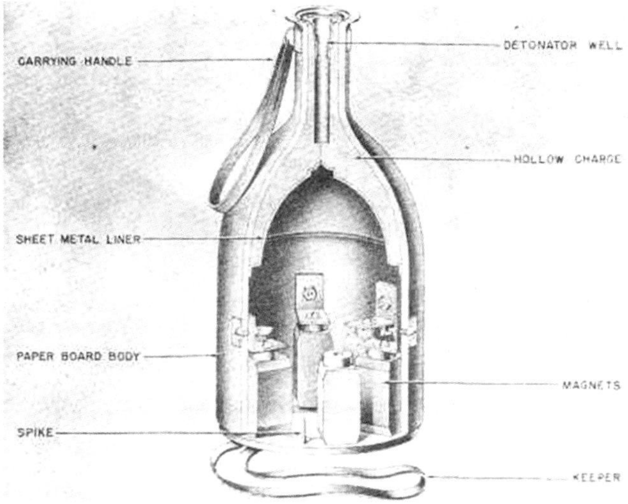

Querschnittzeichnung einer sogenannten »pzh-Mine«.

So gab es für die glattläufige Leuchtpistole die Wurfpatrone 326 HL/LP und die Wurfmine H 62 LP. Die gezogene Leuchtpistole verwendete den Wurfkörper 42 LP. Die Einsatzreichweite lag bei maximal 60 Metern.

Deutsche Panzer beim winterlichen Vormarsch.

10 GEBOTE

für den Gebrauch der Panzernahkampfmittel

1. Gebot
Ob Panzerfaust, ob Panzerschreck,
Grundsätzlich heißt's: geh' hinten weg!

2. Gebot Panzerschreck
Granate fest beim Laden fassen
Und an der Sperre anstehn lassen.

3. Gebot Panzerschreck
Jedoch bedenke vor dem Laden:
Vorstecker raus aus den Granaten!

4. Gebot Gewehr-Panzergranate
Halt hoch an, sonst gibt's Kurzschuß oft
Und nicht den Treffer, den man hofft.

5. Gebot Kampfpistole
Bei Schüssen unter 30 Meter:
Kopf in den Dreck – sonst reut's Dich später.

6. Gebot Hafthohlladung
Nimm nur den Gelbkopfzünder her,
Sonst kriegst die Deckung Du nicht mehr.

7. Gebot Hafthohlladung
So angeklebt — weiß jedes Kind —
Daß 2 der Pole oben sind.

8. Gebot Blendkörper
Zart damit umgehn jedenfalls,
Sonst steigt der Qualm Dir in den Hals.

9. Gebot Brandflaschen
$^1/_3$ Flammöl, Sprit 2 Teile.
Auch andres Öl geht in der Eile.

10. Gebot Brandflaschen
Brandflaschen, wenn die Sonne sticht,
Die platzen, ob Du willst, ob nicht.

DUMMHEIT IST GEFÄHRLICH!

Regeln für den deutschen Soldaten, wenn es gegen Panzer in den Nahkampf ging.

Die Gewehrgranaten 46 und 61 konnten aus einer Entwicklung der Waffen-SS, der Kampfpistole Gerloff, verschossen werden.
Es gab noch weitere Gerätschaften, wie verschiedene Gewehrgranatgeräte, die aber nicht mit der Entwicklung in der Panzertechnik während des Krieges mithalten konnten. Zudem waren Treffgenauigkeit, Schussweite, Durchschlagsleistung, Windverhältnisse und andere Faktoren ausschlaggebend für die Effektivität dieser Waffen. Sie konnten sich am Ende nicht durchsetzen. Trotzdem liefen Experimente auf diesem Gebiet bis 1944 weiter, bis man im gleichen Jahr die Produktion zugunsten der Panzerfaust einstellte.

Dass Not erfinderisch macht, ist mehr als eine einfache Binsenweisheit. Dies galt insbesondere auch für die Front, an der es an geeigneten Waffen mangelte. Improvisationsgeschick war auch auf deutscher Seite im Zweiten Weltkrieg gefragt.
Eine der bekanntesten »Improvisationswaffen« dürfte wohl die geballte Ladung gewesen sein. Hierzu band man sieben Töpfe von Stielhandgranaten mit Draht oder einem Seil zusammengebunden. Eine Handgranate kam dazu in die Mitte, die anderen sechs drapierte man darum herum. Damit ließen sich leichte Panzer effektiv bekämpfen.

Brandflaschen waren ein anderes probates Mittel im Kampf. Dazu füllte man Flaschen mit brennbarer Flüssigkeit, befestigte Sturmstreichhölzer am Hals und zündete das Brennmaterial im Inneren des Halses an – besser bekannt dürfte das russische Pendant sein: der Molotowcocktail.
Der Erfolg hing hier von der Verbreitung der Flammen ab und davon, ob die Flüssigkeit sich großflächig entzündete.

Eine Nebelhandgranate, gebunden an einen 20-Liter-Benzinkanister, oder zwei Nebelhandgranaten an einem Faden waren weitere Erfindungen der Front. Sie dienten dazu, den feindlichen Panzerbesatzungen die Sicht zu nehmen. Letztere sollten sich beim Wurf um das Panzerrohr wickeln. Glück und Geschick waren damit sehr wichtig.

Minen – eigentlich vergraben, um Sperrgürtel anzulegen – waren mitunter auch im Einsatz, aber anders, als es für sie vorgesehen war. Landser schleuderten sie auf oder vor Panzer, um diese so zur Explosion zu bringen.
Kraft und Übung waren unabdingbar, um diese Waffe auf diese unkonventionelle Art und Weise einzusetzen. Schließlich wog eine T-Mine 42 immerhin 9,4 Kilogramm.

Und das sind nur einige Beispiele für die Mittel, die an der Front auf Grund des Fehlens von adäquaten Waffen entstanden. Davon gab es noch eine ganze Reihe, doch soll diese kleine Auswahl stellvertretend stehen – auch für die anderen Nationen.
Denn kein Buch über »Sonderbewaffnung« oder Nahkampfmittel wäre vollständig, ohne sich dessen zu widmen, was sich die Soldaten ausdachten, um an der Front überleben zu können.

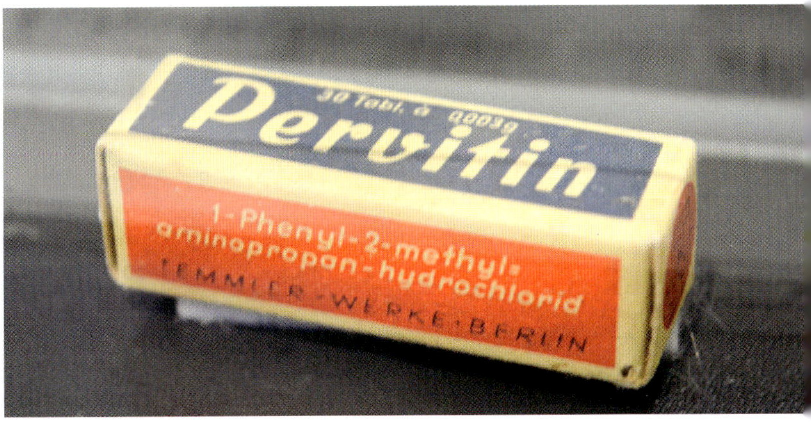

Pervitin war keine Waffe an sich, sorgte aber dafür, dass die Soldaten mehr leisteten. Dabei handelt es sich um eine Droge, die heute vor allem als Crystal Meth bekannt ist.

Auch solche Benzinkanister konnten zu Waffen umfunktioniert werden.

Deutsche Soldaten auf dem Weg zur Front. Im Verlauf des Krieges zeigte sich zunehmend der Mangel, so dass...

...mehr und mehr improvisiert werden musste, um weiterhin kämpfen zu können. Hier: Einige Landser bei einer Marschpause.

Feuer von der Insel

Britische Flammenwerfer

Die Entwicklung britischer Flammenwerfer zog sich dahin. Selbst als der Zweite Weltkrieg in Europa ausbrach, zeigte sich die Führung nicht unbedingt von einer solchen Gerätschaft angetan. Erst im Jahr 1941 begannen die Arbeiten an einer solchen Waffe, an deren Ende der Flame-Thrower, Portable, No. 2 MK I stehen sollte. Sein Spitzname ist dagegen etwas einfacher auszusprechen: Lifebuoy.
Bei dieser Konstruktion scheinen deutsche Modelle zumindest Pate gestanden zu haben, wobei viele Kriterien für solche Tornisterflammenwerfer natürlich vorgegeben sind.
Beim Lifebuoy befindet sich eine Kugel mit Gas in der Mitte. Darum herum ist der Tank mit dem Brandgemisch angeordnet. Die eigentümliche Form des Behälters, die an ein Stück runde Kernseife erinnert, bescherte dem Gerät auch seinen Spitznamen nach einer bekannten Seifenmarke.
Der Prototyp wurde im Jahr 1942 fertiggestellt. Kurz darauf erfolgte schon der Produktionsauftrag für den Flammenwerfer. Es mangelte an Zeit, um die Gerätschaft langen praktischen Versuchen zu unterziehen, so dass man diese nicht ausgereifte Waffe in den Einsatz schickte.
So dauerte es auch nicht lange, bis sich gravierende Mängel offenbarten. Es zeigten sich Probleme mit den in aller Eile gefertigten Tanks und auch mit dem Zündmechanismus. Zudem war auch die Lage des Ventils – unter den Tanks – im Einsatz hinderlich. Aus diesem Grunde entfernte man diesen Werfer aus dem aktiven Dienst und setzte ihn fortan nur noch für die Ausbildung ein.
Ab Mitte 1943 kam eine überarbeitete Version des Flammenwerfers zur Truppe: Flame-Thrower, Portable, No. 2 Mk II, der aber nach wie vor Lifebuoy genannt wurde.
Diese neue Variante blieb dann auch seitens der Briten bis zum Ende des Zweiten Weltkrieges im Einsatz, so auch während der Kämpfe in der Normandie oder im Fernen Osten.
Doch auch dieses Modell erwies sich als unzuverlässig. So nutzte man für den Zündvorgang eine Batterie, die immer wieder versagte – sei es durch Nässe oder andere Schwierigkeiten.
Auch gab es weiter Produktionsprobleme, die nicht behoben werden konnten. Zudem beschwerten sich die Soldaten über das zu hohe Gewicht, das sie behinderte – das Gerät wog 29 Kilogramm.
Es verwundert deswegen kaum, dass die Briten die Produktion des Lifebuoys im Juli 1944 einstellten. Es gab noch den Versuch, ein kleineres und leichteres Modell zu bauen – das Ack Pack. Dieses soll-

Flammenwerfer sperren bei einer Übung einen Wasserlauf.

te nur für den Kriegsschauplatz im Fernen Osten gedacht sein. Aber das Kriegsende verhinderte die Fertigstellung dieses Projekts.
Nach der Niederlage Frankreichs und der überstürzten Flucht aus Dünkirchen (Operation »Dynamo«) unter Zurücklassung des großen Geräts herrschte in Großbritannien ein Mangel an Waffen – auch an Flammenwerfen. Es dräute zudem ständig die Landung der Wehrmacht, weswegen man allerlei Improvisationsgeschick an den Tag legte, um sich zu bewaffnen.
Flammenwerfer sind im Grunde einfache Geräte, die sich schnell zusammenbauen lassen – vorausgesetzt man lässt die nötige Sorgfalt walten.
So entstand schnell der Flame-Thrower, Transportable, No. 1 Mk. I. Bei den Truppen machte sich aber schnell ein anderer Name breit: Harvey.
Vom Prinzip her ähnelte dieser Werfer jenen der Deutschen aus dem Ersten Weltkrieg. Aber er gehörte nicht zu denen, die sich tragen ließen. Vielmehr musste er transportiert werden, wie man es schon auf den Bildern sieht, um zum Einsatz gebracht zu werden.
Um es einfach zu halten, bekam Harvey ein Zweiradgestell, das sich an alle möglichen Schlepper, auch aus der Landwirtschaft, anhängen ließ.
Der Haupttank war simpel zu fertigen und mittels Druckluft schoss dann der Flammenstrahl aus der Waffe – mithilfe einer einfachen Druckgasflasche.
Die Idee hinter diesem denkbar einfachen Flammenwerfer war, dass die Kämpfer ihn an einen bedrohten Ort brachten und dort dann in ihre Verteidigung einbauten. Der Schlauch war mehr als neun Meter lang, so dass der Schütze in einiger Entfernung vom Haupttank agieren konnte.
Die ersten Harvey-Modelle gingen an reguläre britische Einheiten, die zur Verteidigung im Falle einer deutschen Invasion bereitstanden. Nach und nach bekam aber auch die britische Home Guard Zugang zu diesen Waffen.

Der britische (Armee-) Flammenwerfer »Lifebuoy« erlebte zwei verschiedene Modell-Varianten.

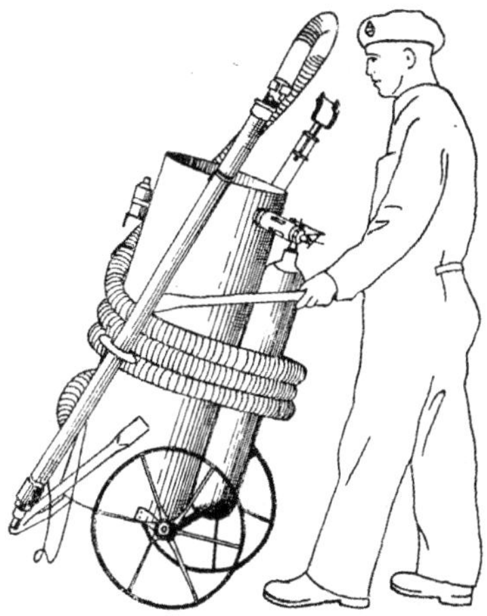

Der Harvey-Flammenwerfer war eine mehr schlechte als rechte Waffe und zudem sogar gefährlich für die Nutzer.

Jedoch stieß das System auf wenig Gegenliebe, da diese Flammenwerfer unhandlich und schwer zu transportieren waren. Allerdings kamen einige von ihnen sogar im Mittleren Osten zum Einsatz, dort dienten sie aber meist zur Nebelerzeugung und nicht als Flammenwerfer. Es war eben eine schnell improvisierte Waffe, die aber ihren Zweck zumindest erfüllte.

Lifebuoy	
Gewicht	29 kg
Brandgemisch	18,2 l
Reichweite	bis 36,5 m
Feuerdauer	10 Sekunden

Harvey	
Gewicht	unbekannt
Brandgemisch	127,3 l
Reichweite	bis 56 m
Feuerdauer	12 Sekunden

Eine bunte Mischung

Britische Handgranaten

Was die britischen Handgranaten des Zweiten Weltkrieges angeht, so ähnelten sie in manchen Belangen denen der Amerikaner.
Besonders populär war die Mills-Granate, oder auch »No. 5« oder »Mills bomb« genannt. Diese stammte aus dem Ersten Weltkrieg und wurde im Jahr 1915 durch William Mills patentiert. Sie war eine von vielen Entwürfen, jedoch der populärste, der auch in späteren Konflikten noch in Verwendung war und auf dessen Grundlage weitere Modelle entstanden. Besonders die Form aus Gusseisen mit Rillen sorgte dafür, dass sich die Granate bequem handhaben ließ.
Die Funktion war so simpel, dass sie sich bald für viele Varianten der Handgranaten durchsetzte: Der Werfer entsichert die Granate durch das Abziehen eines Splints, hält aber weiter einen Sicherungsbügel fest in der Hand. Wenn der Soldat die Granate warf, löste sich der Sicherungsbügel und der Verzögerungszünder begann zu arbeiten. Nach etwa vier Sekunden erfolgte die Detonation.
Eine Variante der Mills-Granate war die No. 23, die am Boden einen Stiel aufwies, so dass diese Konstruktion von einem Gewehr aus verschossen werden konnte. Die Reichweite stieg so auf bis zu 200 Meter.

Massenfertigung von Mills-Handgranaten. Von ihr entstanden Millionen Exemplare, die auch zum Einsatz kamen.

Auf Grundlage dieser Version entstand die No. 36, deren Form für eine stabilere Lage im Gewehr optimiert war. Eine Untervariante davon war die No. 36M, die eine Schelllackschicht erhielt, um sie vor Zersetzung zu schützen.
Über 75 Millionen Stück der verschiedenen Versionen wurden hergestellt. Indien stellte die letzten »Mills bombs« erst im Jahr 2021 (!) außer Dienst – über 100 Jahre nach der Entwicklung der ersten Granate dieses Typs.

Eine ganz besondere, wenn auch nicht sehr beliebte Granate war die No. 69. Hierbei handelt es sich um eine »Plastikhandgranate« (der verwendete Werkstoff war Bakelit) mit großer Sprengkraft, die aber nicht viel Wirkung entfaltete und entsprechend bei der Truppe auf wenig Gegenliebe stieß.
Sie entstand zu Beginn des Zweiten Weltkrieges (1940) und war häufig Ursache für tödliche Unfälle bei der eigenen Truppe. Dies war auch der Grund

Bei der Handgranatenherstellung (hier bei Exemplaren der Sticky-Variante) war Handarbeit gefragt.

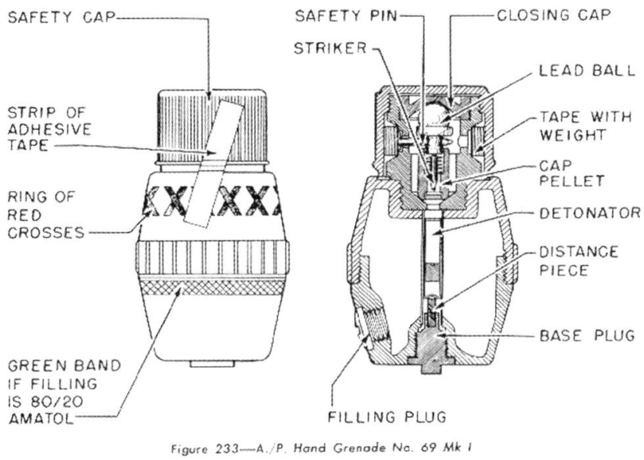

Diagramm der Handgranate No. 69.

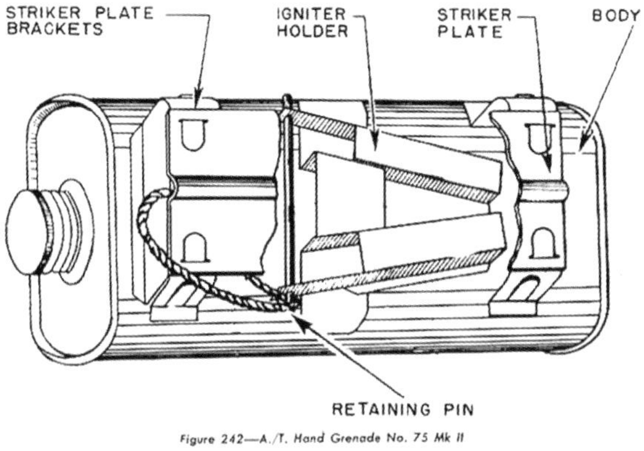

Diagramm einer Hawkins-Granate.

dafür, dass die Briten diese Handgranate im Jahr 1943 aus dem Verkehr zogen. Bis 1947 waren einige der Granaten dennoch in den Arsenalen vorhanden.

Was britische Granaten speziell zur Panzerabwehr anging, so gab es verschiedene Modelle. So etwa die No. 76, die man auch Allbright-und-Wilson-Granate nannte. Dabei handelt es sich um eine Brandgranate, die aber keine dienstliche Verwendung fand, sondern bei der Home Guard anzutreffen war. Ihre Handhabung war mit Gefahren verbunden.

Das erfolgreichste und gleichzeitig populärste Modell war die Panzerabwehrgranate No. 75, die man auch als Hawkins-Granate kennt.

Neben der Verwendung zur Panzerabwehr konnte man diese Waffe auch als Handgranate oder einfache Sprengladung einsetzen.

Die Idee zu dieser Granate basierte auf einem Entwurf eines Captains Hawkins, der seinen Vorschlag im Oktober 1940 einreichte.

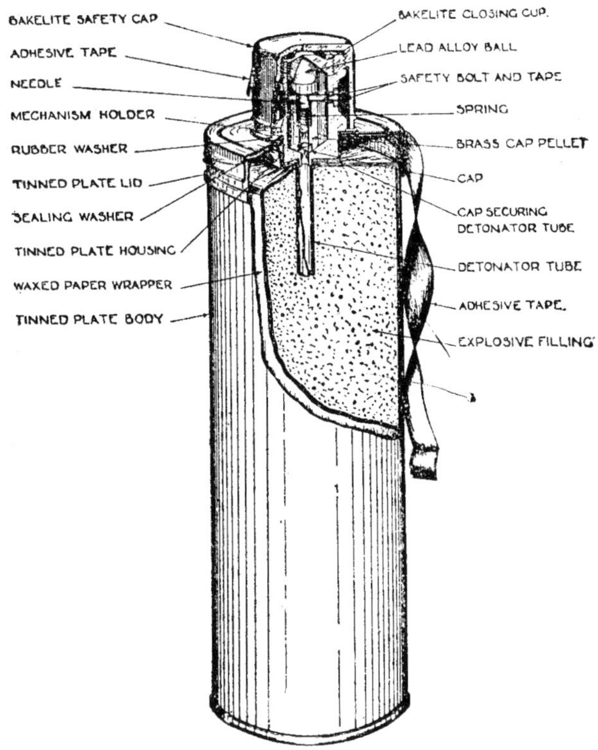

Handgranate No. 73 Mark I als Diagramm.

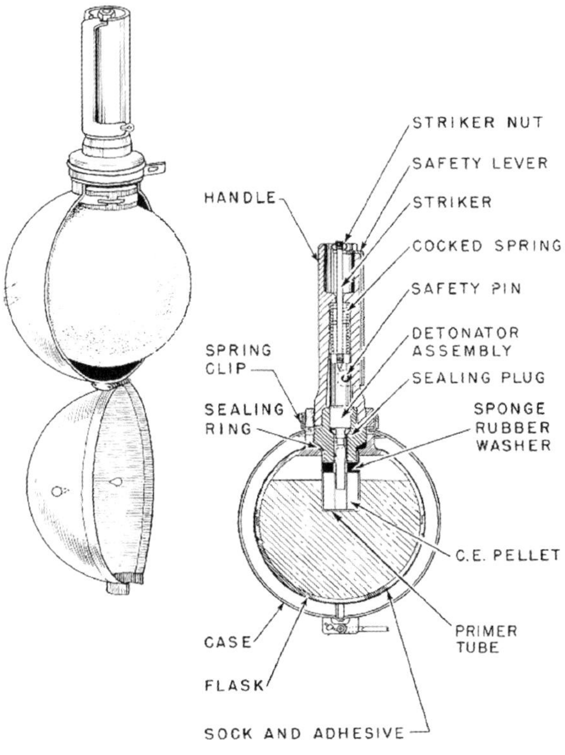

Die Sticky-Granate in der Diagrammdarstellung.

Die Konstruktion war sehr simpel: Ein Blechbehälter mit Sprengstoff, darauf ein Zünder. Dieser bestand aus einer Glasampulle, die von einer Druck-

Ein Soldat macht Handgranaten für den Einsatz fertig. Der Transport war alles andere als einfach.

platte abgedeckt war. An Sprengstoff kam zum Einsatz was vorhanden war, so etwa TNT oder Ammonal.
Vor allem gegen leichte Panzer erwies sich die Waffe als äußerst wirksam. Bis Kriegsende entstanden mehr als zehn Millionen Stück dieser Granate. Eine dieser Granaten erlangte besondere Berühmtheit. Sie kam 1942 beim Anschlag auf den stellvertretenden Reichsprotektor in Böhmen und Mähren, Reinhard Heydrich zum Einsatz.

Bei den britischen Streitkräften gab es zudem auch eine Granate, die speziell bei Luftlandeverbänden zum Einsatz kam. Sie trug den Namen Gammon-Granate, besser bekannt als No. 82. Eigentlich als Panzerabwehrgranate gedacht, kam sie fast ausschließlich bei Sprengungen zum Einsatz.
Das Gleiche galt auch für die Granate No. 73, eine Thermit-Handgranate, die über zu wenig Wirkung

Britische Soldaten in ihrer Stellung, neben ihnen die passenden Handgranaten.

gegen gepanzerte Ziele verfügte. Als Ladung kamen unterschiedliche Sprengstoffe zum Einsatz.
Die nächste Granate in dieser Reihenfolge, die No. 74 oder »Sticky bomb«, war eine »klebende Granate« zur Panzerabwehr, die sich aber nicht durchsetzen konnte. Sie war zerbrechlich und allein schon ihr Transport war mit vielen Gefahren verbunden. Auch der Einsatz war entsprechend gefährlich, da es mitunter vorkam, dass die Granate am Soldat hängenblieb – mit den entsprechenden Folgen.

Neben Granaten mit Sprengstoff gab es auch einige Modelle, die für andere Zwecke gedacht waren, so etwa Rauchgranaten, Leuchtgranaten und andere. Im britischen Heer kam vornehmlich die Rauchhandgranate No. 77 zum Einsatz. Dazu dann noch die Granate No. 80 mit weißem Phosphor. Die vorherige Nummer, die No. 79, war ebenfalls eine Rauchgranate, die vor allem für die Besatzung von gepanzerten Fahrzeugen gedacht war. Sie kam nur in beschränktem Umfang in Italien zum Einsatz und war bei der Truppe wegen der großen Zahl an Blindgängern entsprechend unbeliebt.

Ein Soldat posiert für die Kamera. Gut zu erkennen: Die Handgranaten, die zu seiner Ausrüstung zählen.

Mills-Granate No. 5	
Typ	Splittergranate
Gewicht	765 g
Ladung	68,2 g Baratol
Länge	95,2 mm
Durchmesser	61 mm

Granate No. 69	
Typ	Handgranate
Gewicht	383 g
Länge	114 mm
Durchmesser	60 mm
Ladung	92 g

Hawkins-Granate No. 75	
Typ	Handgranate/Panzerabwehrgranate/Sprengladung
Gewicht	1,02 kg
Länge	165 mm
Durchmesser	92 mm
Ladung	450 g

Thermit-Granate No. 73	
Typ	Panzerabwehrgranate
Gewicht	2 kg
Länge	280 mm
Durchmesser	89 mm
Ladung	1,6 kg

Sticky-Granate No. 74	
Typ	Panzerabwehrgranate
Gewicht	1,02 kg
Länge	230 mm
Durchmesser	100 mm
Ladung	570 g

Kinder des Ersten Weltkrieges

Britische Mörser

Britische Mörser sind vor allem ein Kind des Ersten Weltkrieges, beziehungsweise sie basieren auf jenen aus dem sogenannten »Großen Krieg«.
So erschien der erste 2-Zoll-Mörser im letzten Kriegsjahr 1918, war aber dann auch nur bis ins Jahr 1919 im Dienst, weil er bereits zu diesem Zeitpunkt als veraltet galt.
In der Zwischenkriegszeit geriet dieses Kampfmittel etwas in Vergessenheit. Erst in den 1930er-Jahren und im Zuge der sich anbahnenden Krisen zogen die Briten wieder das leichte Mörser-Konzept in Betracht, um ihn auf Zug- oder Gruppenebene einzusetzen. So gab es eine entsprechende Ausschreibung für den neuen Mörser.
Der Gewinnerentwurf stammte nicht von der Insel, sondern von der spanischen Firma ECIA. Die erste Serienversion, die 1938 in Produktion ging, trug die Bezeichnung Ordnance, ML 2-inch-Mortar MK II. Dabei stehen die Buchstaben für das Ladesystem – von der Mündung her »Muzzelload«.
Und von diesem Erstling gab es im Grunde zwei Versionen. Einmal eine Version nur für die Infanterie mit einem einfachen Rohr, einer Bodenplatte und eben einen Auslösemechanismus und einmal eine Variante, um sie auf Fahrzeugen einsetzen zu können. Diese Ausführung verfügte über eine größere Grundplatte und einen etwas komplizierteren Zielmechanismus. Hier gab es den Vorteil, dass

Ein 3-inch-Mörser im Einsatz bei britischen Truppen.

Ordnance, ML 2-inch-Mortar	
Kaliber	2 Zoll (50,8 mm)
Länge	665 mm
Gewicht	4,1 kg
Reichweite	ca. 450 m

Ordnance, ML 3-inch-Mortar	
Kaliber	3 Zoll (76,2 mm)
Länge	1295 mm
Gewicht	57,2 kg
Reichweite	2500 m

man bei Bedarf diesen Mörser auch ausbauen und vom Boden aus einsetzen konnte.

Diese beiden Ausführungen existierten in bis zu 14 verschiedenen Untervarianten mit anderen Visierungen, Rohrlängen oder kriegsbedingten Anpassungen bei der Produktion.

Entsprechend groß war auch das Angebot an Munition, die mit diesem Mörder verschossen werden konnte. Normale Wurfgranaten konnten ebenso abgefeuert werden, wie Nebel- oder Leuchtmunition – zusammengepackt zu Päckchen zu je drei Granaten.

Die normale Bedienung dieses 2-Zoll-Mörser bestand aus zwei Mann. Einer trug den Mörser, der andere die Munition.

Auch nach dem Ende des Krieges blieb diese Waffe noch weiter im Dienst. Auch andere Nationen führten sie ein.

Neben dem 2-inch-Mörser gab es auch ein Modell mit drei Zoll. Dabei ist bemerkenswert, dass der erste britische 3-inch-Mörser aus dem Jahr 1917 stammt. Es ist der bekannte Stokes-Mörser, der auch nach dem Ende des Ersten Weltkrieges noch viele Jahre im Gebrauch blieb.

In den 1930er-Jahren gab es aber eine grundlegende Überarbeitung des Geräts. Es sollte zum Standardmörser der Infanterie werden und musste dementsprechend an die neuen Gegebenheiten angepasst werden. Aus dem Ordnance, ML Mortar 3 inch wurde der Mortar, 3 inch MK II. MK II bezeichnet die neue Ausführung, die gegenüber dem

Kriegsschauplatz Italien: 4.2-inch-Mörser im Brückenkopf bei Anzio 1944.

Einweisung und Unterrichtung an Mörsern. Bis zum Ende des Krieges gab es bei den Briten verschiedene Modelle dieses Waffentyps.

Auch nach dem Krieg blieben die Mörser in einigen Konflikten im Einsatz, wie auf diesem Bild aus dem Nahen Osten.

März 1945, Front in Italien. Ein Mörser in seiner Stellung vor dem Schuss. Hier sollte es bis Mai dauern, ehe der Krieg endete.

September 1943. Alliierte Mörserstellung im Raum von Salerno. Zu diesem Zeitpunkt war Italien schon aus dem Bündnis mit Deutschland ausgeschieden.

Ordnance, SB 4.2-inch-Mortar	
Kaliber	4.2 Zoll (106,7 mm)
Länge	1730 mm
Gewicht	599 kg
Reichweite	3700 m

Vorgängermodell einige Änderungen aufwies. Dies betraf vor allem auch die Munition, die dieser Mörser verschießen konnte.
Mit dieser Waffe zog die britische Armee auch in den Zweiten Weltkrieg, wo sie sich bewährte, auch wenn es gerade im Vergleich zu Mörsern anderer Nationen an Reichweite fehlte. So betrug die maximale Reichweite der Waffe rund 1400 Meter, weit unter derjenigen der deutschen Werfer.
So ging man an die Überarbeitung des Mörsers, unter anderem experimentierte man mit neuen Treibsätzen. Neben der Munition widmete man sich auch einigen Modifikationen bei der Konstruktion. So gab es bei späteren Versionen eine andere Bodenplatte und eine überarbeitete Visiereinrichtung. Es entstand sogar eine spezielle Ausführung, die in 5000 Exemplaren nur für den Einsatz im Fernen Osten gebaut wurde.
Dieser Mörser ließ sich in drei Lasten zerlegen und konnte entweder auf Fahrzeugen oder aber auch von Soldaten transportiert werden. Eine weitere Besonderheit dieses Mörsers war, dass er auch mittels Fallschirms abgeworfen werden und so die Schlagkraft der Truppe steigern konnte.

Eine Sonderrolle bei den britischen Mörsern stellte der Ordnance, SB 4.-inch Mortar dar – SB steht für smooth bore, glatte Bohrung. Er stammt aus einer Entwicklung während des Zweiten Weltkrieges, genauer gesagt aus einer Zeit, als die Planer bei der britischen Armee auf der Suche nach einem Mörser waren, der taktische Nebelgranaten verschießen konnte, um eigene Aktionen zu verschleiern – wohl angeregt durch die Erfahrungen mit der deutschen Nebeltruppe.

So begannen die Entwicklungen an einem britischen Pendant, das zu den Nebelwerfeinheiten der britischen Pioniere kommen sollte. Allerdings gab es schon kurze Zeit später die Forderung, einen schweren Mörser daraus zu machen.

Also ging man an die Konstruktion eines 42-Zoll-Mörsers. Zu Beginn der Produktion herrschte jedoch großer Mangel an Rohstoffen und auch Produktionsmitteln. So gab es etwa bei den Granaten das Problem, dass die Hülsen nicht geschmiedet, sondern gegossen werden mussten, was ihre ballistischen Eigenschaften beeinflusste. So reduzierte sich etwa die Reichweite.

95-mm-Infanteriehaubitze	
Kaliber	95 mm
Länge	1880 mm
Gewicht	954 kg
Reichweite	5400 m

Zudem waren diese Mörser sehr schwer, so dass ein leichtes Fahrzeug zur Verfügung stehen musste, um die Waffe in Stellung zu bringen. Allerdings war es auch möglich, den Mörser auf rollbares Gestell zu hieven.

Der 4.2-inch-Mörser wurde von den Briten in großen Umfang ab 1942 eingesetzt und war an nahezu allen Fronten zu finden. Diese Waffe zeigte sich so schlagfertig, dass man sie sogar noch nach dem

Einsatz eines Mörsers von einer Tankette aus.

Alliierte Mörserstellung an der Westfront. Selbst im Koreakrieg waren noch einige der Mörser aus dem Weltkrieg im Einsatz.

Unterweisung an einem kleinen Mörser. Die Wirkung war mitunter eher psychologischer Natur.

Ende des Zweiten Weltkrieges einsetze – so waren einige dieser Mörser im Korea-Krieg anzutreffen.

Eine wenig beliebte Waffe in diesem Segment war eine Infanteriehaubitze, die eigentlich nicht zu den Mörsern zählt, aber als Steilfeuergeschütz eben den Infanteristen zugegeben werden sollte – obwohl diese eigentlich keinen Bedarf dafür hatten.
Im Jahr 1942 fiel die Entscheidung, eine solche Waffe in Auftrag zu geben. Da aber keine neuen Produktionsverfahren eingeführt werden sollten, ging es am Ende darum, eine Haubitze aus schon bereits vorhandenen Möglichkeiten zu schaffen. Verschiedene Teile, wie das Rohr, der Verschluss oder die Wiege, stammten aus anderen Systemen und wurden neu zusammengefügt.
Insgesamt ließ sich diese Waffe in zehn Lasten zerlegen. Aber schon bei den ersten Versuchen zeigte sich, dass diese Neuheit nicht durchdacht war. Das Rückstoßssystem versagte häufig, längere Feuerserien zeigten, dass auch andere Teile den auftretenden Kräften nicht standhielten.
Und auch die Soldaten zeigten sich nicht angetan und lehnten diese Waffe ab. Sie verließen sich lieber auf ihre Mörser.
Die Mehrzahl der Geschütze wurde nie ausgeliefert. Nach dem Krieg verschrottete man die meisten davon. Heute ist nur ein erhaltenes Exemplar bekannt.

Begutachtung eines britischen Mörsers.

Von der Insel

Britische Panzerabwehrwaffen

Das britische Pendant zu Panzerfaust und Panzerschreck hörte auf den Namen PIAT. Diese Bezeichnung steht für »Projector Infantry Anti Tank«. Sie entstand aus der Erfahrung heraus, dass die bis dahin gebräuchliche Boys-Panzerbüchse nicht effektiv gegen feindliche Panzer wirken konnte. Die Schwierigkeit bestand darin, dass die neue Waffe leicht genug sein sollte, damit sie auch von leichten Truppen, wie Fallschirmjägern mitgeführt und einfach eingesetzt werden konnte. Wie die deutsche Panzerfaust oder die amerikanische Bazooka arbeitet auch die PIAT nach dem Hohlladungsprinzip, um eine buchstäblich durchschlagende Wirkung zu erzielen.

Interessant an dieser Konstruktion ist vor allem das Abschusssystem. Es arbeitet wie eine Armbrust mit Federspannung. Entsprechend verfügt das Geschoss auch über Stabilisierungsflächen am Ende. Hier saß dann auch die Treibladung. Im Rohr selbst befand sich eine starke Spiralfeder und eine Metallstange. Wenn nun der Soldat die gespannte Waffe abfeuerte, schnellte die Stange nach vorne, jagte das Geschoss aus der PIAT und zündete dabei auch die Treibladung.

Ähnlich dem Rückstoßprinzip sollte dieser Vorgang die Feder erneut spannen, um sofort wieder ein Geschoss einlegen zu können. Allerdings klappte dies nicht immer. Denn dieses selbsttätige

Die PIAT wird von Männer während des Warschauer Aufstands unter die Lupe genommen.

Eine PIAT im Airborne Museum in Arnheim, die während der Kämpfe zum Einsatz kam.

Spannen funktionierte nur, wenn der Schütze den Rückschlag ertrug und sich dagegenstemmte. Nur so ließ sich die Energie für das Spannen erzeugen. Das Spannen von Hand war für den Soldaten umständlich, da er zum Spannen der Feder eine Zugkraft von 90 Kilogramm aufwenden musste. Vorrangig als Panzerabwehrwaffe gedacht, konnte die PIAT auch Splitter- und Nebelgranaten verschießen.

Sie ersetzte das zuvor gebräuchliche Panzerabwehrgewehr Boys als Standardpanzerabwehrwaffe der Infanterie und kam auch bei anderen Truppen des Commonwealth zum Einsatz.

Beliebt war die PIAT aber nur nicht unbedingt, denn sie musste von zwei Mann bedient werden und war kompliziert in ihrem Aufbau.

Dennoch fanden sich diese Waffen bald auch außerhalb der Infanterie wieder, etwa bei leichten Panzerfahrzeugen. Es gab zudem Versuche, Trägerfahrzeuge zu bauen, um mehrere PIAT zusammen als mobile Mörserbatterie einzusetzen. Die Wehrmacht erbeutete einige der Waffen. Das Heereswaffenamt führte sie unter der Kennnummer PzB 789

PIAT	
Kaliber	76 mm
Länge	991 mm
Gewicht	14,52 kg
Einsatzreichweite	90 m
Durchschlagsleistung	75 mm Panzerstahl

Solche Geschosse schleuderte die PIAT, die aber aufgrund ihres Mechanismus nicht sehr beliebt war.

Ein Geschoss wird in die PIAT eingelegt, die wie eine Armbrust mit Federkraft arbeitet.

(e). Auch nach dem Ende des Zweiten Weltkrieges blieb die PIAT noch einige Jahre im Arsenal der Truppen vorhanden.

Vorführung des Wurfgerätes »Northover«, das vor allem bei der Home Guard zum Einsatz kam. Hierbei handelt es sich um eine improvisierte Waffe in der Zeit nach dem...

...Rückzug aus Dünkirchen, als es an Panzerabwehrmitteln mangelte. Aber auch in heißen Regionen wie hier in Malaya 1941 fanden bald Versuche statt.

Eine wenige bekannte britische Panzerabwehrwaffe war das Wurfgerät Northover. Es entstand mehr oder weniger aus der Not heraus: Nach dem britischen Rückzug aus Dünkirchen 1940 mangelte es an Panzerabwehrgerät. Deswegen sollte rasch eine einfach zu bauende Waffe entwickelt werden, noch dazu simpel in der Bedienung, so dass sie auch von den Truppen der Home Guard verwendet werden konnten.

Major Robert Harry Nortover nahm sich der Aufgabe an. Genau genommen handelt sich beim Northover Projector um einen »Flaschenmörser«, der sich in der Tat schnell und günstig herstellen ließ und der seinem Namen spezieller Munition verdankt.

Bei dieser Panzerabwehrwaffe handelt es sich um wenig mehr als ein Stahlrohr mit einem unvollständigen Verschlussmechanismus am Bodenende. Die Munition waren gewöhnliche Hand- und Gewehr-

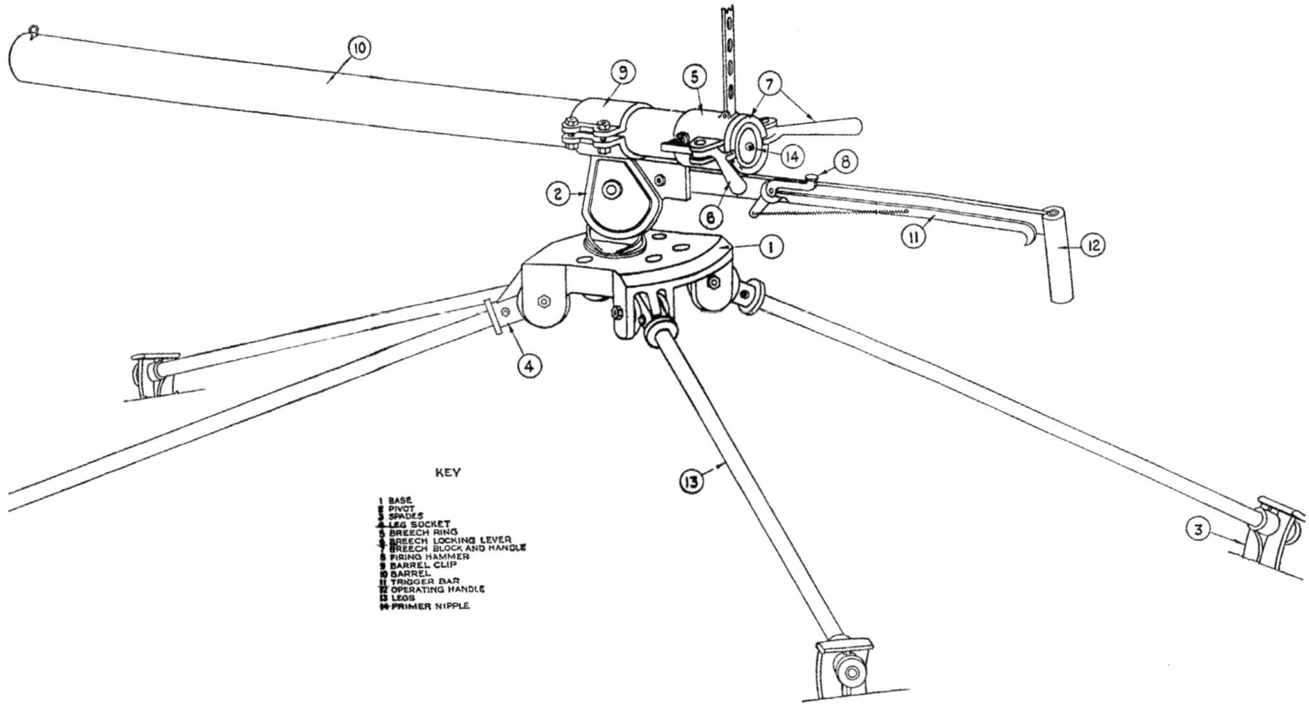

Technische Beschreibung des Northover mit seinen Bestandteilen.

granaten, die der Schütze mit einer kleinen Ladung Schwarzpulver abschoss – später kam noch die Phosphorgranate »Glasflasche Nr. 76« hinzu, die dem Gerät den Namen »Flaschenmörser« eintrug.
Die Waffe ruhte auf einfachen Stützen aus Rohren, die den Rückstoßimpuls auffingen. Hinzu kam ein einfaches Visier, das exakte Schüsse bis zu 90 Metern erlaubte, wobei die Höchstschussweite bei knapp 270 Metern lag.
Ab 1940 bildete diese Waffe die Standardbewaffnung der Home Guard, wenn es um eine effektive Panzerbekämpfung ging. Einige Exemplare gingen auch an die reguläre Armee.
Als effektiv erwies sie sich jedoch nicht, da die verschossene Munition gegen gepanzerte Ziele nicht ausreichte und die Phosphorflaschen in den Rohren zu Bruch gehen konnten.
Die Mannschaft bestand aus mindestens zwei Mann, ein Dritter war optional für die Zielerfassung zuständig. Es gab lokale Unterschiede bei der Nutzung. Einige Einheiten packten den Northover auf Karren, um ihn mobil einsetzen zu können, auch Versionen in Beiwagen von Motorrädern sind bekannt.
Es gab auch noch eine Mk2-Version dieser Waffe, die aber nur in kleinen Stückzahlen produziert wurde, da andere Gerätschaften besser für die Panzerbekämpfung geeignet waren – wie die oben beschriebene PIAT. Zu einem scharfen Kriegseinsatz ist es nach heutigem Kenntnisstand nicht gekommen.

Die Ausmaße des Northovers waren nicht zu unterschätzen. Es dauerte zudem einige Zeit, bis die Waffe einsatz- und schussbereit war.

Training der britischen Homeguard mit dem Northover, um für den Fall einer deutschen Invasion vorbereitet zu sein.

Wieder einige Angehörige der Homeguard mit dem Northover, für den es wohl keinen scharfen Einsatz gab.

Northover Projector	
Kaliber	63,5 mm
Länge (Rohr)	914 mm
Gewicht (Werfer)	27,2 kg
Einsatzreichweite	274 m

Für den Tenno

Granatwerfer der japanischen Armee

Unter den Granatwerfern der japanischen Armee im Zweiten Weltkrieg fanden sich einige merkwürdige Modelle. Eines davon ist der 5-cm-Granatwerfer Typ 89 (Hachiku Shiki Tekidanto). Er bildet quasi eine Zwischenlösung, mit der die Entwickler die maximale Wurfweite einer Handgranate überbieten wollten, seine Reichweite lag aber noch unterhalb derjenigen größerer Mörser.

Im Jahr 1929 führte die Armee diesen Granatwerfer ein, gab ihn aber zunächst nur an Spezialeinheiten aus, die damit erste Erfahrungen sammelten. Diese fielen so gut aus, dass der Typ 89 bis zum Beginn des Zweiten Weltkrieges zur Standard-Infanteriebewaffnung zählte.

Der Mörser verfügte anders andere Mörser nicht über ein Zweibein, so dass der Schütze ihn festhalten musste, um ihn zu benutzen. Der Soldat kniete dahinter, weswegen man diesen Granatwerfer auch als »Kniemörser« kannte. Dies ist allerdings missverständlich, denn die Bodenplatte musste auf dem Boden liegen, um den Rückstoß effektiv abzufangen.

Das Modell 89 war sehr kompakt und leicht (das Rohr maß gerade einmal etwas über 250 Millimeter und alles zusammen wog nicht einmal fünf Kilogramm) und konnte neben der normal verwendeten Munition auch die japanische Standard-Handgranate Modell 91 verschießen.

Das oben beschriebene Modell hatte allerdings einen Vorgänger, und zwar den Granatwerfer Typ 10 (Ju Nenshiki Tedkidanto). Diesen führten die Japaner im Jahr 1921 ein. Es handelte sich dabei im Wesentlichen um ein glattes Stahlrohr mit einer konkav gebogenen Stützplatte.

Die Granate kam von vorne in das Rohr, rutschte nach unten und stieß dort auf den Abfeuermechanismus, der die Treibladung zündete. Auch hierbei handelte es sich um einen sogenannten Kniemörser, der bei falscher Handhabung in der Lage war, dem Schützen das Bein zu zertrümmern. Der Typ 10 blieb so lange im Einsatz, bis der Typ 89 erschien. Fortan benutzte man den Typ 10 nur noch zum Verschießen von Leucht- und Nebelgranaten.

Aber nicht nur Mörser mit glatten Läufen fanden sich in den japanischen Arsenalen. Mit dem Mörser Typ 11 (Juichi Nenshiki Kyokusha Hoheiho) gab es auch einen im Kaliber von 70 Millimetern mit einem gezogenen Rohr. Das Rohr saß mittels

Japanische Granatwerferstellung im Pazifikkrieg. Mitunter entwickelten die Japaner merkwürdige Konstruktionen.

Japanische Mörser vom Typ 97 (81 Millimeter) in Stellung. Dieser Granatwerfer brachte es auf 67 Kilogramm Gewicht und war entsprechend schwer durch zu bewegen.

Schildzapfen auf einer Bodenplatte, die aus Holz und Stahl bestand. Die Zündung der Granate war ungewöhnlich: Das Abfeuern erfolgte dergestalt, dass ein außen befindlicher Hammer den freibeweglichen Schlagbolzen in das Zündhütchen der Treibladung trieb.
Das Richten nach der Seite dieses Infateriemörsers erfolgte durch ein hinten auf der Bodenplatte sitzendes Handrad, mit dem die Waffe um einen Pivotzapfen geschwenkt werden konnte. Das Richten in der Höhe erfolgte über einen sogenannten Schneckentrieb, der sich unterhalb des Rohres befand. Was das Zielen anging, so verfügte dieser Mörser über eine Quadrant-Zieleinrichtung.
Anfang der 1930er-Jahre kam dieser Mörser wiederholt zum Einsatz, ebenso im Konflikt mit China Ende der 1930er-Jahre. Allerdings stellten die Japaner nur wenige hundert Stück dieser Waffe her. Ab 1932 reduzierte sich die Produktion, bis sie schließlich im Jahr 1937 ganz auslief. Dennoch blieb dieser Mörser bis zum Ende des Zweiten Weltkrieges in Gebrauch.

Gleich zwei besondere Mörser im Kaliber 90 Millimeter hatte die japanische Armee mit den Typen 94 und 97 (Kuyon und Kunana Kyohusha Hoheiho) in ihrem Bestand.
Beide entstanden aus der Tatsache heraus, dass es größere Kaliber brauchte, um stärkere Granaten zu verschießen und das möglichst auf Entfernungen über 1500 Meter.
Es scheint auf japanischer Seite Versuche gegeben zu haben, mit vergrößerten Modellen der bereits vorhandenen Granatwerfer zu experimentieren, die jedoch allem Anschein nach nicht von Erfolg gekrönt waren. So kam es schließlich im Jahr 1934 zur Einführung des Typ 94 Granatwerfers, den man als »Schweres Nahkampfgeschütz Typ 94« bezeichnete.
Allein schon wegen des Kalibers und des zu erwartenden Rückstoßes verfügte dieser Mörser über eine stabile Bodenplatte. Die Rohraufhängung wurde durch ein Rückstoßgehänge in U-Form gehalten. Zusätzlich verfügte die Waffe über einen Springfeder-Rückstoßmechanismus. Dieser Mörser konnte in vier Lasten zerlegt werden, war aber allein schon wegen seines immensen Gewichts bei der Truppe unbeliebt. Im Jahr 1940 lief die Produktion aus. Nach verschiedenen Quellen stellte man lediglich etwas mehr als 500 dieser Mörser her.

5-cm-Granatwerfer Typ 10	
Kaliber	50 mm
Länge	525 mm
Gewicht	2,54 kg
Einsatzreichweite	175 m

5-cm-Granatwerfer Typ 89	
Kaliber	50 mm
Länge	610 mm
Gewicht	4,54 kg
Gewicht der Granate	793 g
Einsatzreichweite	640 m

50-mm-Granatwerfer Typ 98	
Kaliber	50 mm
Länge	640 mm
Gewicht	22,4 kg
Gewicht der Granate	5,2 kg
Einsatzreichweite	420 m

Gruppenbild japanischer Soldaten. Rechts sieht man den »Kniemörser«, eine einfache Konstruktion, die schlechtestenfalls auch den Anwender verletzten konnte.

Japanischer Mörser im Einsatz.

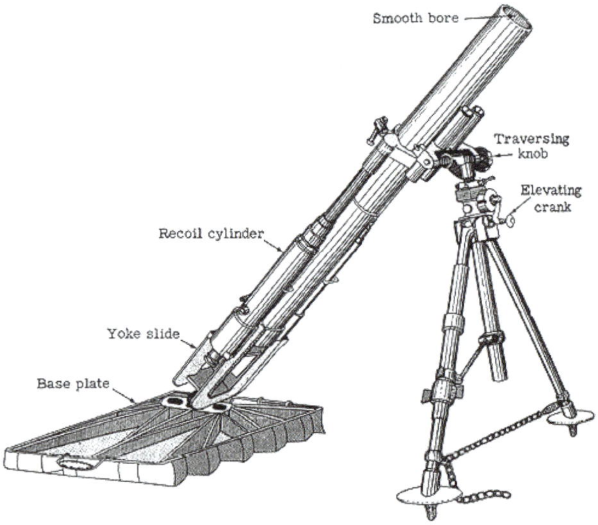

Diagramm eines japanischen 90-mm-Granatwerfers Typ 94.

90-mm-Granatwerfer Typ 97	
Kaliber	90 mm
Länge	1217 mm
Gewicht	105,5 kg
Gewicht der Granate	bis 11,2 kg
Einsatzreichweite	3800 m

Auf dem Typ 94 aufbauend, führten die Japaner dann den Typ 97 ein. Um Gewicht zu sparen, ließ man hier den Rückstoßdämpfer schlicht und ergreifend weg.

Ansonsten hatten beide Mörser große Zweibeine, an denen sich auch die Mechanik für die Höhen- und die Seiteneinstellung befanden.

Zu beiden Waffen gehörte außerdem eine Zieleinrichtung nebst einem komplizierten Rundblickgerät, das über Horizontlibellen, Justierungsmikrometer und Winkelfernrohr verfügte. Mit diesen beiden Granatwerfern kam es auch zur Einführung neuer, leitwerkstabilisierter Standardmunition. Etwa 600 Stück dieser Waffe entstanden bis Kriegsende. Ebenso lange blieb der Mörser im Gebrauch.

Unter der Bezeichnung Mörser Typ 97 gab es zudem noch ein weiteres Modell, aber im Kaliber 81 Millimeter (Kunana Shiki Hoheiho). Dieser wurde im gleichen Jahr eingeführt wie das Modell im Kaliber 90 Millimeter, trug aber die Bezeichnung »Steilfeuer-Infanteriegeschütz«. Darin unterschieden sich die beiden Mörser, da das 90-mm-Modell als Nahkampfmittel gedacht war.

Diese Waffe verfügte über ein Kollimatorvisier und

entwickelte sich zum meistgenutzten Mörser der japanischen Armee im Zweiten Weltkrieg. Er blieb bis 1945 im Einsatz an nahezu allen Fronten.

81-mm-Granatwerfer Typ 97	
Kaliber	81 mm
Länge	1269 mm
Gewicht	67 kg
Gewicht der Granate	3,33 kg
Einsatzreichweite	2900 m

Eine ganz besondere Munition verschoss der Mörser Typ 98 (Kuhachi Shiki Keihakugekiho), den die Japaner 1938 einführten. Dieser 50-mm-Granatwerfer feuerte eine große Stielhandgranate anstatt der sonst üblichen Mörsergranate ab. Die in einer würfelförmigen Hülse untergebrachte Sprengladung war am Ende einer langen Holzstange befestigt, die der Soldat dann in das Rohr einführte, und deren Ende dann auf der Treibladung ruhte.
Die Reichweite dieser Waffe bestimmte die Bedienung mittels Teilladungen oder durch das Anbringen einer Vorrichtung, die die Einführtiefe der Stange regelte. Mit einer am Rohr befestigten Rohrschelle, die wiederum am Zweibein befestigt war, konnte die Höhe verstellt werden. Die Seitenverstellung erfolgte über das Lösen der Flügelmuttern, durch die das Zweibein mit der Bodenplatte verbunden war und das anschließende Verschieben der Beine in die gewünschte Position. Die Zündung der Treibladung geschah mittels eines Reibzünders. Es handelte sich um eine eher primitive Waffe, die wohl erst im Laufe der 1940er-Jahre in die Produktion ging.

81-mm-Granatwerfer Typ 99	
Kaliber	81 mm
Länge	540 mm
Gewicht	23 kg
Gewicht der Granate	3,3 kg
Einsatzreichweite	2000 m

90-mm-Granatwerfer Typ 94	
Kaliber	90 mm
Länge	1270 mm
Gewicht	159 kg
Gewicht der Granate	bis zu 11,2 kg
Einsatzreichweite	3800 m

Zwei der letzten von den Japanern eingeführten Granatwerfer waren die Typen 99 (Kuku Shiki Hakugekiho) und 3 (San Shiki Hakugekiho) – beide im Kaliber 81 Millimeter.
Der Typ 99 entstand aus einer Forderung, einen

Typ 10-Granatwerfer im Kaliber 50 Millimeter der japanischen Truppen.

Typ 11-Granatwerfer. Dieser Waffentyp verfügte über das Kaliber 70 Millimeter.

70-mm-Granatwerfer Typ 11	
Kaliber	70 mm
Länge	750 mm
Gewicht	61 kg
Gewicht der Granate	2,5 kg
Einsatzreichweite	1500 m

kleinen, leichten Granatwerfer zu schaffen, mit dem sich etwa Fallschirmjäger ausstatten ließen. Am Ende stand diese Waffe mit einem sehr kurzen Rohr und gerade einmal 23 Kilogramm Gewicht. Mittels des funktionales Zweibeins konnte dieser Mörser sowohl in der Seite als auch in der Höhe gerichtet werden. Die Waffe verfügte über einen frei beweglichen Schlagbolzen, der auf der Nocke auf einem Stift am Bodenstück steckte. Das Abfeuern erfolgte mit einem Schlag auf den Stift, wodurch der Schlagbolzen dann durch die Nocke nach oben gedrückt wurde.

Der Typ 3 entstand dagegen ohne offiziellen Auftrag. Schon zum Ende des Krieges hin testete man diese Waffe im Yokosuka-Marinearsenal. Rohstoffknappheit war das beherrschende Thema, auch beim Waffenbau. Dementsprechend war dieser Mörser stark vereinfacht, allerdings noch dazu schlecht gearbeitet – das Zweibein war zu schwach und Höhen- und Seitenkorrektur hatten mangelhafte Gewinde, so dass dieser Mörser glatt durchfiel.

Neben den bis hier beschriebenen Mörsern beziehungsweise Granatwerfern gab es bei den Japanern noch weitere Projekte in diesem Feld. So gab es größere Kaliber (für artilleristische Zwecke) und auch viele, die sich tragen ließen. Allerdings setzten sich nur wenige dieser Geräte durch. So schuf man etwas, das sich wohl als »Einmalmörser« treffend beschreiben lässt: Ein leichtes Rohr auf einem Holzblock, der sich mittels Erdstachel richten ließ und Schwarzpulvertreibladungen verwendete – noch dazu mit Abreiß-Reibzündern versehen.

Zum Ende des Krieges regierte eben im Reich der Mitte der Mangel und das Improvisationsgeschick, das die Niederlage aber am Ende nicht aufhalten konnte.

Japanische Handgranaten

Ein Fülle von Modellen

Japanische Handgranaten gehören zu den eher unbekannten Infanteriewaffen. Es sich um eine für das Land der aufgehenden Sonne damals relativ neuartige Waffengattung.
Im Russisch-Japanischen Krieg von 1904/05 setzten die Kaiserlichen Truppen mit Sprengstoff gefüllte Bambusröhren und Steinguttöpfe ein, während die zaristischen Soldaten gusseiserne, kugelförmige Handgranaten zum Einsatz brachten.

Es dauerte zudem noch fast 20 Jahre, bis die erste, eigene »echte« japanische Handgranate die Armee erreichte. Bis dahin nutzten die Soldaten des Tenno improvisierte Sprengkörper.
Im Jahr 1921 kam mit der Handgranate Typ 10 (Ju Nenshiki Shurudan) zur Truppe. Das Wort »Shurdan« bedeutet überdies so viel wie »Handgranate«.
Der Körper dieser Handgranate bestand aus Gusseisen und wog etwas mehr als 500 Gramm. Im Inneren befand sich ein TNT-Pressling, der mittels Perkussionszündung zur Detonation gebracht wurde und den Splitterkörper bersten ließ. Es war eine relativ einfache Entwicklung, die den Weg aber für andere Modelle ebnete, die dann Einzug in die japanische Armee hielten.
Am Ende des Krieges sollten es rund 20 verschiedene Modelle und Untervarianten von japanischen Handgranaten geben.

Handgranate Typ 91 und Typ 97:
Zehn Jahre nach der Typ 10 kam die Handgranate Typ 91 (Kuichi Shiki Shurudan) im Jahr 1931 zur Einführung. Sie besaß ebenfalls einen Splitterkörper, verfügte über einen Messing-Perkussionszünder und eine Füllung aus gepresstem TNT. Als Sicherung diente ein Kabelstecker, der den Weg zwischen Schlagbolzen und dem Zündhütchen sperrte.
Eine Besonderheit dieser Handgranate war, dass sie über ein Gewinde am Boden verfügte, in das ein Spezialansatzstück geschraubt werden konnte. Auf diese Weise konnte die Granate auch von einem Schießbecher (Kaliber .50) aus verschossen werden. Damit waren die Soldaten in der Lage, diese Sprengkörper auch vom Standardgewehr Typ 38 aus abzufeuern.
Allerdings erfreute sich dieses Modell keineswegs großer Beliebtheit bei der Truppe – es war einfach zu unzuverlässig.
Im Jahr 1937 führte die Armee den Typ 97 (Kunan Shiki Shurudan) ein. Mit einem Gewicht von 540 Gramm glich diese Handgranate weitgehend dem Typ 91. Sie verfügte jedoch nicht mehr über das charakteristische Gewinde des Vorgängers, so dass die Soldaten sie nicht mehr aus dem Schießbecher verschießen konnten. Gepresstes TNT war auch hier die Füllung, aber der Sicherungsstecker hatte nur einen Stift.

Beute-Handgranate Typ 93:
Als sich Japan anschickte auf das asiatische Festland zu expandieren kam es zu Konflikten mit China,

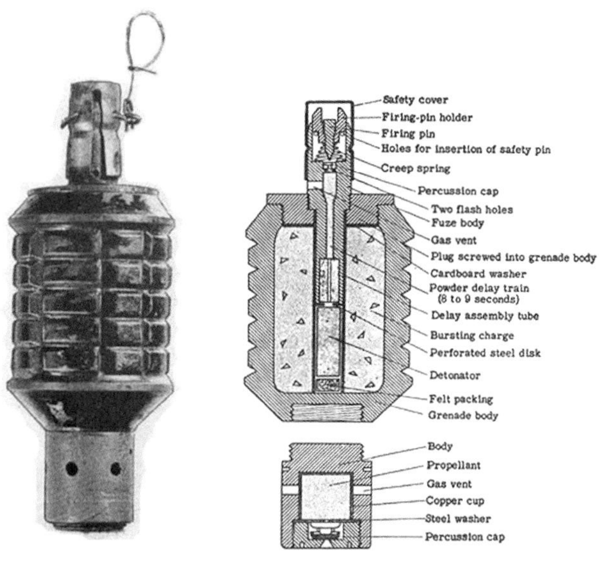

Japanische Tpy 91-Handgranate in der Querschnittszeichnung. Sie wurde im Jahr 1931 eingeführt.

Japanische Soldaten im Kampf. Der stehende Soldat wirft gerade eine Handgranate Typ 91.

Typ 91	
Einsatzzeit	1931 bis 1945
Indienststellung	1931
Gewicht	530 g
Zünder	Perkussionszündung
Verzögerung	bis 5 Sekunden
Sprengmittel	TNT

Typ 4	
Einsatzzeit	1944 bis 1945
Indienststellung	1944
Gewicht	ca. 450 Gramm (je nach Ausführung)
Zünder	Reibezünder
Verzögerung	bis 5 Sekunden
Sprengmittel	Gemisch

die in den Chinesisch-Japanischen Krieg mündeten.
Bei ihrem Vormarsch fielen den japanischen Truppen auch Unmengen chinesischer Waffen in die Hände, darunter auch zahlreiche Handgranaten.
Bei den Chinesen weit verbreitet war der Typ 23 aus dem Jahr 1934 (die Jahreszahl bezog sich als Ausgangsdatum auf die chinesische Revolution von 1911). Sie verfügte über einen Reibezünder und einen ähnlichen Gabel-Sicherheitsstecker wie bei der japanischen Handgranate Typ 91. Der Splitterkörper war längsgerillt und die Sprengladung bestand aus granuliertem TNT. Sie wog 450 Gramm. Das Besondere hier war, dass diese Granate oben und unten Ösen besaß. Damit konnte der Sprengkörper an Bäumen, Stangen, am Boden oder anderweitig befestigt werden, um daraus eine Minenfalle zu bauen. Die Japaner übernahmen diese Beutestücke als Typ 93 in ihre Reihen.

Handgranate Typ 99 (Modell A und B):
Die älteren Handgranaten bewiesen in ihren Einsätzen zwar ihre Leistung, doch alsbald zeigte sich bei der Nutzung auf dem asiatischen Festland ihre Anfälligkeit bei Kälte, was zu Zündverzögerungen oder Zündversagern führte. Deswegen führten die japanischen Streitkräfte im Jahr 1939 den Typ 99 ein. Die Granaten dieses Typs besaßen einen glatten Gussstahl-Splitterkörper und anstatt einer TNT-Füllung eine Füllung auf Basis gepresster Pikrinsäure. Die Zündung erfolgte nach wie vor als Perkussionsausführung mit einem einstiftigen Sicherungsstecker. Dieser sicherte die Waffe bis zu ihrem Einsatz. Schlug die Granate auf, entzündete sich erst die Schwarzpulverzögerung und dann ein Detonator aus Trotyl. Um die Handgranate zu aktivieren, musste sie vor dem Werfen auf eine harte Fläche geschlagen werden. Damit trieb man den Schlagbolzen in das Zündhütchen. Geschah dies nicht, oder nicht richtig, versagte die Granate ihren Dienst. Das Modell B unterschied sich von der A-Variante dadurch, dass anstelle des Perkussions- nun ein Reibungszünder zum Einsatz kam.

Handgranate Typ 4:
Eine als Notwaffe konzipierte Handgranate stellte der Typ 4 dar, den man auch als Keramikhandgranate kennt. Im Verlauf des Krieges kam es zu Engpässen mit Rohstoffen. Dies führte dazu, dass selbst die Handgranatenproduktion ins Stocken geriet.
Entsprechend war man auf der Suche nach Alternativen aus heimischen Rohstoffen. Die Wahl fiel auf Keramik, aus der man die Hülle herstellte. Diese Granaten stellten die Japaner in großer Zahl her,

wobei sie sich je nach Hersteller, Ton oder anderer Rahmenbedingungen im Aussehen unterschieden. Im Hals der kugelförmigen Granate saß der Verzögerungszünder, der mit einer Gummikappe abgedeckt war. Die Zündung erfolgte mittels Reibezünder. Unter diesem lag der Verzögerungssatz aus Schwarzpulver mit einer Brenndauer von etwa vier bis fünf Sekunden. Eine Zündpille aus Bleiazid-Paste bildete den Detonater für die fast 100 Gramm schwere Ladung.

Sonderformen:
Neben den bis hierhin geschilderten Handgranaten verfügte das Land der aufgehenden Sonne noch über eine ganze Reihe von Typen und Abarten an Sprengkörpern.
So existierte noch die San Shiki Shoju Tekidan, eine Gewehrgranate (Typ 3). Dabei handelt es sich um ein Sprenggeschoss mit vier Flügeln zur Stabilisierung. Verschossen werden konnten diese Granaten mit Granatgeräten für die Gewehre Typ 38 und Typ 99 – jeweils mit eigenem Aufsatz. Wenn die Soldaten den Flügelschaft abnahmen, konnten sie die Granate auch werfen. Sie mussten sie nur – wie die Granaten des Typs 99 – hart aufschlagen.
Eine andere Version des Typs 3 diente der Panzerabwehr. Sie arbeitete nach dem Prinzip der Hohlladung, scheint aber nur bei frontalen Aufschlägen ihre Wirkung entfaltet zu haben. Von diesem Typ 3 gab es dann später im Verlauf des Krieges noch eine verbesserte Version, die kleiner war als das Ursprungsmodell. Der Zünder war im Boden anders befestigt, die Sicherung nur mit einem einzigen Stift ausgeführt und das Detonationsrohr etwas länger.
Auch Brand- und Nebelgranaten setzten die japanischen Soldaten im Zweiten Weltkrieg ein. Los ging es schon im Jahr 1922 mit der Nebelhandgranate Typ 11. Diese war mit weißem Phosphor gefüllt, wog etwa 500 Gramm und verwendete einen Perkussionszünder ähnlich dem der Handgranate Typ 10. Hier fand sich auch eine Gewindebohrung am unteren Ende, um aus einem Gewehrgranatgerät verschossen zu werden.
Weiter gab es Stielbrandgranaten, improvisierte Brandwurfgeschosse (analog zu den sowjetischen Molotowcocktails), weitere Gewehrgranaten und nicht zuletzt auch Giftgashandgranaten.

Typ 97	
Einsatzzeit	1937 bis 1945
Indienststellung	1937
Gewicht	540 g
Zünder	Verzögerungszünder
Verzögerung	bis 5 Sekunden
Sprengmittel	TNT

Letztere waren mit einer Lösung aus Zyanwasserstoff gefüllt, die in Verbindung mit Außenluft Zyangas freisetzten. Auch hier gab es verschiedene Modelle und Abwandlungen, die eine Folge des Kriegsverlauf waren – erfolgreich waren diese Infanteriewaffen jedoch nicht. Stand der Wind schlecht, konnten sie nicht eingesetzt werden – es bestand die Gefahr, dass das Gas in die eigenen Reihen trieb.

Handgranate vom Typ 97. Die Japaner führten diese Waffe im Jahr 1937 in ihre Reihen ein.

Sonstige Infanterieunterstützungswaffen

Minen, Flammenwerfer, Panzerfaust

Unterstützungswaffen wie Minen, Flammenwerfer oder Panzerfäuste waren bei den Kaiserlichen Truppen zu finden. Allerdings waren diese dort im allgemeinen Kriegsgeschehen weniger präsent, weshalb auch weniger Informationen zirkulieren.

Minen:
Minen waren bei der japanischen Armee nicht weit verbreitet. Am bekanntesten dürfte noch die Hakobakurai-Haftmine sein. Als Typ 99 bezeichnet, nutzen die Japaner diese Waffe gegen feindliche Panzer oder auch gegen Infanteristen. Sie war leicht genug, um sie auch zu werfen und wie eine Handgranate einzusetzen.
Ihr charakteristisches Aussehen verdankt diese Mine den acht Teilladungen aus TNT, die in Wachspapier gehüllt und in flache Pappbehälter gepackt wurden. Um sie herum waren Dauermagnete angeordnet. Auf diese Weise konnte die Gerätschaft an Fahrzeugen befestigt werden.

Untersuchung einer japanischen nicht explodierten Haftmine an einem alliierten Panzer.

Vor dem Werfen montierte der Nutzer einen separaten Zünder, der beim Aufschlag zündete. Allerdings dauerte es bis zu zehn Sekunden, ehe die Detonation erfolgte. Zeit genug, um Gegenmaßnahmen zu ergreifen. Außerdem kam es vor, dass die Magnete nicht hielten und sich die Mine wieder vom Untergrund löste.
Ein anderer Umstand – der auch auf die japanischen Handgranaten zutraf – war, dass die Zünder unzuverlässig waren. Dieses Problem ließ sich bis Kriegsende, auch bedingt durch die schwierige Versorgungslage, nicht lösen.

Gegen Ende des Krieges im Pazifik und vor dem Hintergrund der sich abzeichnenden Niederlage des Kaiserreichs gingen die Japaner zu immer verzweifelteren Methoden über. Bekannt dürften die »Selbstopfereinsätze« sein, die es auch mittels Minen gab – was wiederum nicht so bekannt ist.
Eine solche Waffe war die sogenannte Stoßmine. Sie kam vor allem im Nahkampf gegen feindliche Panzer zum Einsatz. Sie bestand aus einer Hafthohlladung, die sofort bei Kontakt detonierte und so den Angreifer mit vernichtete

Schematische Zeichnung eines Angriffs mit einer Stoßmine im Selbstopfereinsatz.

Japanische Typ 99-Mine.

Der Soldat entfernte den Sicherungsstift und näherte sich seinem Ziel. Die Mine wurde im rechten Winkel auf die Panzerung gestoßen, der Holzgriff, an dessen Ende der Sprengkörper befestigt war schnellte vor, brach den Scherbolzen, der wiederum den Schlagbolzen auslöste und in den Zünder eindrang. Im besten Fall erlitt der Angreifer nur Verwundungen bei der Detonation. Andernfalls starb er bei dem Angriff.

Flammenwerfer Typ 93 und Typ 100:

Was die Flammenwerfer des Kaiserlichen Japans anging, so stechen die Typen 93 und 100 besonders heraus.

Die zuerst eingesetzte Version war der Tornisterflammenwerfer Typ 93. Dieser wurde im Jahr 1933 eingeführt und war ein Gerät, in das die Erfahrungen der deutschen Konstrukteure aus dem Ersten Weltkrieg einflossen.

Drei Gasflaschen nebeneinander trug der Schütze wie einen Rucksack auf dem Rücken. Zwei der Gasflaschen enthielten das Brandgemisch. Der mittlere und etwas kleinere Behälter trug das Druckgas – beim ersten Einsatz benutzte man Stickstoff, ging aber alsbald zu Druckluft über. Ab dem Jahr 1939 hatte jeder dieser Flammenwerfer einen kleinen, benzinangetriebenen Druckluftkompressor, den man separat transportierte.

Bewährte sich das Gerät auf dem chinesischen Festland noch weitgehend, kam es im Laufe der Zeit immer wieder zu Verbesserungen, die schließlich in ein abgewandeltes Modell mündeten: den tragbaren Flammenwerfer Typ 100 aus dem Jahr 1940. Der neue Flammenwerfer war kürzer als sein Vorgänger. Die Düse ließ sich einfach austauschen, wohingegen diese beim Typ 93 fest verbaut war. Ansonsten glich der Flammenwerfer dem Vorgänger.

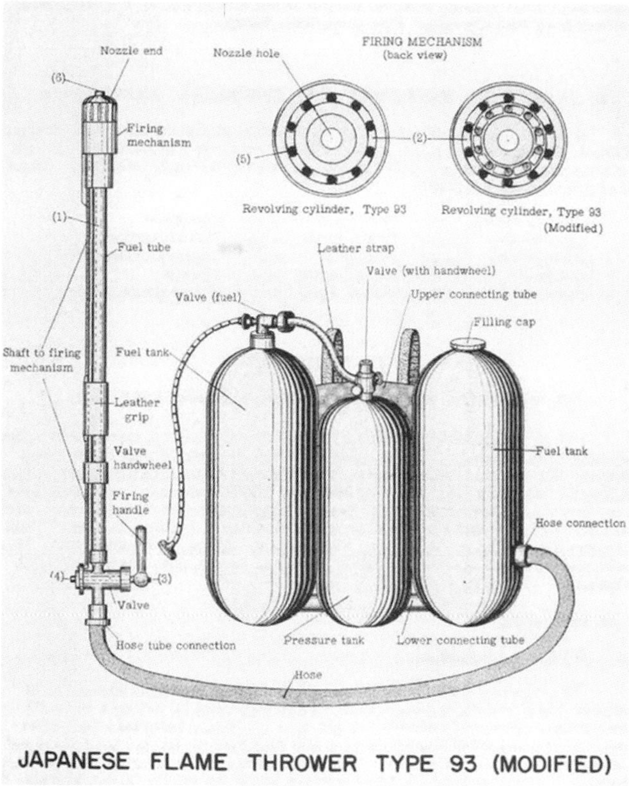

Diagramm des japanischen Flammenwerfers Typ 93.

Typ 93	
Gewicht	25,5 kg
Reichweite	bis 25 m
Brandgemisch	10 l
Feuerdauer	12 – 15 Sekunden
Flammenrohr	85 cm

Typ 100	
Gewicht	25 kg
Reichweite	bis 27 m
Brandgemisch	14 l
Feuerdauer	10 – 12 Sekunden
Flammenrohr	50 cm

Panzerfaust	
Gewicht	6,4 kg
Reichweite	30 m (effektiv)
Durchschlagskraft	100 mm
Gesamtlänge	100 cm
Geschossgewicht	2,3 kg

Panzerfaust:
Auch eine japanische Version der Panzerfaust existierte während des Zweiten Weltkrieges. Dabei handelte es sich um die Typ 5 Panzerfaust im Kaliber 45 Millimeter. Sie erst im letzten Kriegsjahr 1945 zum Einsatz.

Die Entwicklung begann, als sich die japanischen Streitkräfte feindlichen Panzern gegenübersahen, gegen die ihre eigene Panzerabwehr relativ erfolglos war. Erst 1944 begannen Entwicklungen, um der Infanterie eine bessere Panzerabwehr zu ermöglichen. Die eingeführte Panzerbüchse war jedoch zu schwer und musste von zwei Mann bedient werden.

Anfang August 1945 begann die Produktion der Typ 5 Panzerfaust, die in ihren Leistungsparametern etwa der deutschen Panzerfaust 30 entsprach. Die Waffe selbst bestand aus einem 60 Zentimeter langen Rohr mit einem Innendurchmesser von 45 Millimetern. Am Ende des Stahlrohres befand sich der Auslöser. Der Schlagbolzen wurde manuell gespannt. Eine Art Pistolengriff konnte montiert werden, an dessen Ende das konische Hinterteil gesteckt wurde.

Der Gefechtskopf ragte aus dem Rohr heraus, was die Gesamtlänge der Waffe auf rund einen Meter brachte. Die effektive Reichweite lag bei etwa 30 Metern. Die Panzerfaust konnte bis zu 100 Millimeter Stahl durchschlagen. Diese Entwicklung kam aber zu spät, um am Kriegsverlauf noch etwas zu ändern.

Typ 5-Panzerfaust der japanischen Armee. Sie kam zu spät, um noch etwas am Kriegsverlauf ändern zu können.

Durch den Einsatz von Spezialwaffen wie Minen versuchten die Japaner, ihre Eroberungen im Pazifik zu verteidigen. Hier: US-Marines und M4 Sherman-Panzer im Dschungel von Guam.

Eine japanische Sprengfalle, getarnt als Kohl, gefunden in Okinawa. Bei der Mine handelt es sich um eine Handgranate vom Typ 97.

Russische Flammenwerfer

Der Flammenwerfer gehörte auch zum Arsenal der Roten Armee im Zweiten Weltkrieg. Welchen Stellenwert die Russen diesem Waffensystem beimaßen lässt sich schon daran erkennen, dass zu Beginn des Krieges jedes Infanterie-Regiment über eigene Flammenwerfer-Kompanien verfügte. Diese wiederum bestanden aus zwei Zügen mit jeweils 20 Flammenwerfern. Und die Entwicklung ging laufend weiter.

Als der Krieg ausbrach, verfügte die Rote Armee in erster Linie über den Flammenwerfer ROKS-2. Auf Grundlage von Erfahrungen mit diesem System entwickelte man im Jahr 1942 den verbesserten Tornister-Flammenwerfer ROKS-3.
Das Stahlrohr dieses Modells ruhte in einem gewehrähnlichen Schaft mit Pistolengriff, in dem auch der Abzug lag. Betätigte der Soldat den Ab-

Untersuchung eines russischen ROKS-Flammenwerfers.

Stationärer sowjetischer Flammenwerfer der FOG-Reihe.

zug, öffnete sich das Ventil und das Brandgemisch wurde mit Hilfe des Stickstoffes in das Flammenrohr gedrückt. Dort entzündete es dann die Zündpatrone an der Ausstoßdüse. Die Reichweite dieses Flammenwerfers lag bei bis zu 40 Metern. Der Flammölbehälter fasste 8,5 Kilogramm (bei rund 23 Kilogramm Gesamtgewicht im Einsatz), was für bis zu acht kurze Feuerstöße ausreichte oder für bis zu zwei lange.

Der ROKS-3 ließ sich mit zwei unterschiedlichen Arten von Flammöl betreiben, entweder dünnflüssig (Gasöl und Teeröl) oder zähflüssig (Benzin mit einer Beimischung aus OP-2-Pulver).

Im Juni 1942 stellte die Rote Armee die ersten Flammenwerfer-Kompanien mit dem ROKS-3 auf, die je 120 Flammenwerfer ins Feld führten. Der erste Einsatz erfolgte während der Schlacht um Stalingrad.

Neben den Flammenwerfern für die Offensive machten die Deutschen während des Krieges die Bekanntschaft mit Abwehrflammenwerfern, die die Russen in die Erde eingruben. Dabei handelte es sich um die Modelle FOG-1 und FOG-2.

Der FOG-2 stellt eine verbesserte Ausführung des FOG-1 dar. Die zweite Version entstand während des Krieges. In den Entwurf flossen die Erfahrungen der Truppe ein, um die Leistungsfähigkeit zu erhöhen.

Ein Soldat begutachtet einen FOG-Flammenwerfer, der primär in der Defensive zum Einsatz kam.

Flammenwerfer ROKS-3	
Flammölfüllung	8,5 kg
Gesamtgewicht	14 kg (unbefüllt)
Wurfweite	bis zu 40 m
Einführung	1942

Abwehrflammenwerfer FOG-2	
Gesamtgewicht	32 kg (unbefüllt)
Wurfweite	bis zu 140 m
Feuerstöße	1
Produktion	über 150.000

Deutsche Soldaten untersuchen eine Reihe vorn erbeuteten russischen FOG-Flammenwerfern.

Über 150.000 Exemplare des Abwehrflammenwerfers stellte die Sowjetunion her. Die Rotarmisten gruben diese bis zu 55 Kilogramm schweren Waffen ein, um damit bestimmte Gebiete zu schützen und den Feind aufzuhalten. Hinterhalte konnten damit ebenso gelegt werden. In Reihen angeordnet, war der Seitenabstand der einzelnen FOG-2 etwa bei 10 bis 25 Metern.

Das System war nur schwer auszumachen, da nur die Flammenrohre aus dem Boden ragten. Der Vorteil des Systems war, dass sich die Flammenwerfer wieder verwenden ließen.

Der FOG-2 bestand aus einem zylindrischen, geschweißten Flammenölkessel. Oben auf dem Behälter befand sich die Pulverkammer samt dem Flammenrohr, das aber auch gegen mehrere Düsen getauscht werden konnte. In der Pulverkammer befand sich eine Patrone mit Pulverkapseln zum Ausstoßen des Flammenöls und ein Glühzünder, um das Öl in Brand zu setzen.

Die Auslösung der Waffe erfolgte über eine elektrische Zündung oder mechanisch, wodurch der Flammenstrahl bis zu 140 Meter weit getrieben werden konnte – die Reichweite hing von der Mischung und der jeweiligen Düse ab. Der Einfachheit halber kamen hier – wie bei den ROKS-Geräten – entweder eine dünnflüssige oder eine zähflüssige Mischungen für das Flammöl zum Einsatz. Dies hatte auch Einfluss auf die jeweilige Reichweite.

Bis April 1942 entstanden innerhalb der Roten Armee 93 (!) eigenständige Kompanien mit FOG-2-Flammenwerfern, wobei jede Kompanie über 180 FOG-2 verfügte. Und damit war noch lange nicht Schluss: Im Sommer 1943 erweiterte die sowjetische Armee ihre Bestände und stellte größere Einheiten auf. So gab es motorisierte Bataillone mit 540 Flammenwerfern und pferdebespannte Bataillone mit je 576 Flammenwerfern.

Diese Flammenwerfer-Bataillone waren Infanterie-Korps zugeteilt und waren in der Lage eine durchgehende Abwehrfront von bis zu 3,5 Kilometern Breite aufzubauen – bei einer Tiefe von bis zu 800 Metern. Eine wahre Todeszone für jeden Angreifer. Wie effektiv dieses Prinzip war, zeigte sich daran, dass auch die Wehrmacht eine Kopie des FOG-2 in ihre Dienste nahm: unter der Bezeichnung »Abwehrflammenwerfer 42«.

Ein ROKS-Flammenwerfer in einer Museumsvitrine.

Russische Handgranaten

Was Handgranaten anging, so war die russische Armee im Jahr 1920 vornehmlich mit Stielhandgranaten ausgerüstet, die noch aus der Zeit des Ersten Weltkrieges stammten. Ein Beispiel war die M1914, die dann später modifiziert wurde.
Die Rote Armee verfügte im Zweiten Weltkrieg über eine Reihe von verschiedenen Handgranaten, die sich für unterschiedliche Zwecke einsetzen ließen. Sowohl für die Defensive, die Offensive, für den Panzerkampf und andere Kampfarten nutzen die Rotarmisten die Sprengkörper.

Die M1914 modifizierten die Sowjets im Jahr 1930 und schufen damit den Typ M1914/30. Dieser konnte als Splitterhandgranate oder als Sprenggranate eingesetzt werden, wenn der Soldat die Splitterladung entfernte. Die Handgranate verfügte über eine Sicherung und eine Schlagzündung im Griff. Erstere wurde dabei von einem Ring gehalten. Um die Granate zu nutzen, nahm der Soldat sie in die Hand, setzte den Zünder ein, streifte den Ring ab und warf sie. Dabei löste sich die Sicherung und der Zündvorgang begann.

Eine besondere Form der russischen Granaten stellt die Gewehr-Granate VGD 1930 dar. Diese ähnelte von ihrem Aussehen her einer Artilleriegranate mit einem Splittermantel. Zum Verschießen dieser Munition musste ein Gewehrgranatgerät auf die Waffe gesetzt werden. Die Granate verfügte über Führungswarzen, die in den Zügen des Gewehrs ruhten und ihr dadurch einen leichten Drall verliehen. Die VGD 1930 wurde mittels eines gewöhnlichen Infanteriegeschosses abgefeuert. Dafür hatte sie eine entsprechende Aushöhlung zu ihrer Achse.

Eine der meist produzierten Typen war die Splitterhandgranate F1. Die Soldaten warfen sie aus der Deckung heraus auf Angreifer. Sie verfügt über eine beachtliche Splitterwirkung in einem Umkreis von bis zu 200 (!) Metern. Dies erklärt schon, warum diese Granate nur aus der Deckung heraus verwendet werden sollte.
Der Erfinder dieser Waffe war F.I. Chramejew. Dafür nutzte er Erfahrungen mit einer ähnlichen französischen Handgranate, verbesserte sie aber in verschiedenen Belangen. Dabei war der Aufbau recht simpel gehalten. Neben dem Handgranatenkör-

Eine der russischen Standart-Handgranaten: das Modell F-1.

Museumsvitrine, in der eine ganze Reihe von Waffen der russischen Infanterie ausgestellt sind. In der Mitte sind gut die Handgranaten zu erkennen.

Museumsvitrine, in der eine ganze Reihe von Waffen der russischen Infanterie ausgestellt sind. In der Mitte sind gut die Handgranaten zu erkennen.

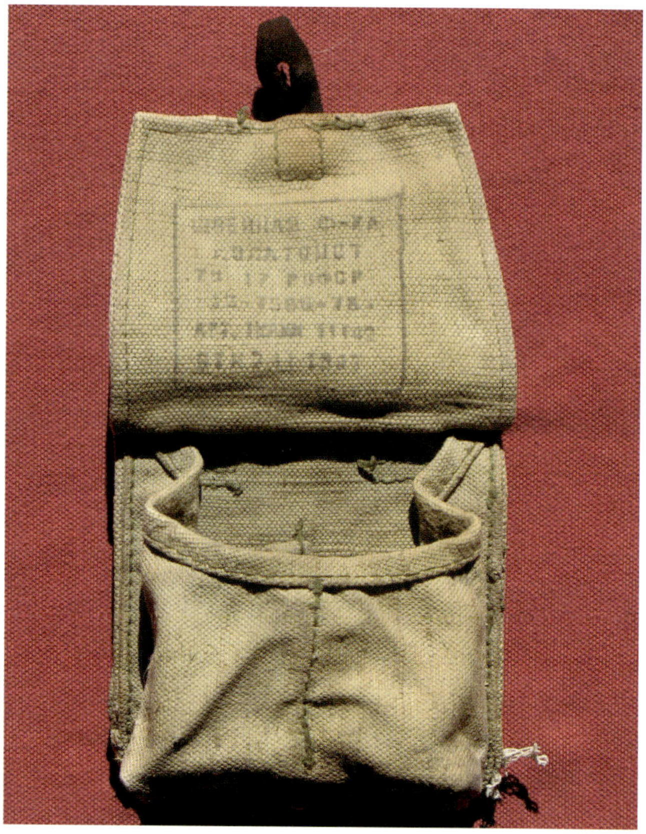

Transportsack für die Handgranaten der Russen, diese waren aber mitunter umständlich und schwer aufzubekommen, weswegen etwa dieser...

...russische Soldat mit der PPSh sie gleich an Riemen hängen hat, und so schnellen Zugriff hat.

Handgranate F1	
Wirkung	Splitter
Zündung	Brennzünder
Zündverzögerung	3,2 bis 4,2 Sekunden
Splitterradius	bis 200 m
Wurfweite	bis 45 m

Handgranate RGD-33	
Wirkung	Splitter/Druck
Zündung	Verzögerungszünder
Zündverzögerung	3,5 bis 4,0 Sekunden
Splitterradius	bis 100 m
Wurfweite	bis 40 m

Handgranate RG-41/RG-42	
Wirkung	Splitter/Druck
Zündung	Verzögerungszünder
Zündverzögerung	3,2 bis 4,2 Sekunden
Splitterradius	bis zu 25 m
Wurfweite	bis 40 m

Panzerabwehr-Handgranate RPG-40	
Wirkung	Druck
Zündung	Aufschlagzünder
Verzögerung	keine
Durchdringtiefe	bis 20 mm
Wurfweite	bis 25 m

Panzerabwehr-Handgranate RPG-43	
Wirkung	Hohlladung
Zündung	Aufschlagzünder
Verzögerung	keine
Durchdringtiefe	75 mm
Wurfweite	bis zu 20 m

Panzerabwehr-Handgranate RPG-6	
Wirkung	Hohlladung
Zündung	Aufschlagzünder
Verzögerung	keine
Durchdringtiefe	bis zu 120 mm
Wurfweite	bis zu 20 m

per (aus Gussstahl mit Längs- und Querrillen als Sollbruchstellen für die Splitter) kamen noch eine TNT-Sprengstofffüllung, ein Brennzünder mit Sprengkapsel, ein Sicherungsbügel und ein Vorstrecker hinzu.

Im oberen Teil der Handgranate befand sich ein Gewinde, in welches der Nutzer den Brennzünder mit der Sprengkapsel einschraubte. Für den Transport kam ein Kunststoffpfropfen zum Einsatz, damit es keine unbeabsichtigten Zündungen gab.

Wenn der Soldat die Waffe scharf machte, blieben ihm drei bis vier Sekunden bis zur Detonation. Vor dem Einsatz bekamen die Russen etwa fünf bis zehn Granaten pro Mann.

Die F1 war eine äußerst zuverlässige und dabei sehr simple Handgranate und deswegen bei den Rotarmisten sehr beliebt. Die Russen stellten von diesem Typ fast 138.000.000 (!) Stück her und das nur für die Zeit des Zweiten Weltkrieges.

Die Handgranate F1 war rein für die Defensive gedacht. Das Modell RGD-33 war dagegen offensiv und defensiv einsetzbar.

Sie war im Grunde eine Weiterentwicklung der flaschenförmigen Rudul-Handgranate aus der Zeit des russischen Bürgerkrieges. Im Jahr 1933 entwickelte der Konstrukteur Djakonow die neue RGD-33, die zwar viel mit dem alten (und im Jahr 1930 modernisierten) Modell gemein hatte, jedoch technologisch fortschrittlicher und wirkungsvoller war. Das Besondere an dieser Handgranate war der abnehmbare Splittermantel, wodurch sich die Wirkung beeinflussen ließ. Mit aufgesetztem Splittermantel lag der Splitterradius bei bis zu 100 Metern, der tödliche Bereich bei 25 Metern. Der Splittermantel zerstob dabei in bis zu 2400 einzelne Splitter.

Ohne den aufgesetzten Mantel wirkte die Waffe vor allem durch Druck, durch den sogenannten Gasschlag.

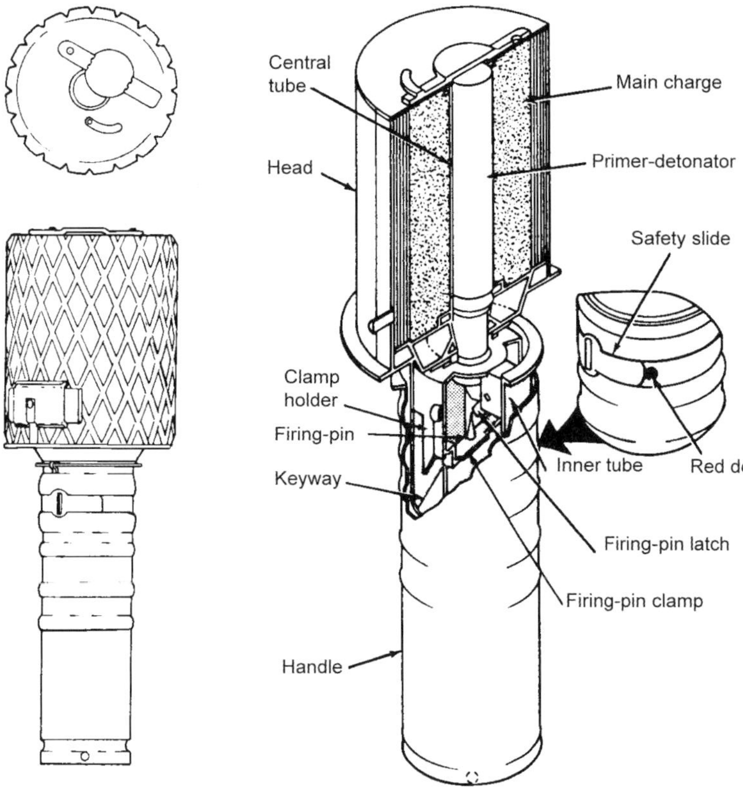

Zeichnung einer russischen Handgranate RGD 33, deren Splitterradius bis zu 100 Metern reichte.

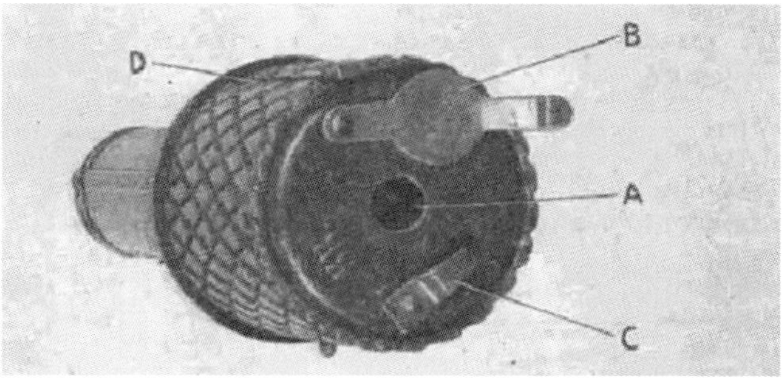

Draufsicht auf eine RGD-33, die noch zusätzlich einen Splittermantel trägt, um die Wirkung zu erhöhen.

Die Handgranate bestand aus dem Stahlblechtopf mit der Sprengladung und dem optionalen Splittermantel. Hinzu kamen noch die einsetzbare Spengkapsel, Verzögerungssatz und der abschraubbare Stiel mit der Schlaghülse.

Wollte der Soldat die Granate im Einsatz benutzen, hielt er den Topf fest und zog den Stiel mit gleichzeitiger Drehung nach rechts zurück, bis der »Abfeuerungshebel« einrastete. So wurde der Abzug gespannt und die Schlaghülse ragte aus dem Stielgehäuse hervor. Dann drückte der Soldat den Abfeuerungshebel nach links, löste damit die Sicherung und die Schlaghülse schlug rückwärts, wodurch sich der Verzögerungssatz aktivierte. Nun blieben noch maximal vier Sekunden bis zur Detonation.

Mehrere Millionen Stück der RGD-33 wurden während des Krieges produziert und kamen als »Bündel« auch gegen Bunker und Panzer zum Einsatz.

Die deutsche Wehrmacht erbeutete große Stückzahlen dieser Granaten und führte sie als »Handgranate 337 (r)« in die eigenen Reihen ein.

Wie die RGD-33 waren auch die Typen RG-41 und RG-42 sowohl in der Defensive als auch in der Offensive einsetzbar. Im Jahr 1941 entwickelte der Konstrukteur N.P. Beliakow das Modell RG-41. Im gleichen Jahr übernahm die Rote Armee das Modell in ihre Reihen. Darauf aufbauend konstruierte S.G. Korschunow im Jahr 1942 eine verbesserte Version RG-42, die einen neuen Zünder erhielt und auch von den Soldaten besser benutzt werden konnte.

Die RG-42 bestand aus einem Gehäuse aus Stahlblech. Der Sprengstoff befand sich im Inneren dieses Behältnisses. Hinzu kam noch ein Splitterring, der die Anzahl der Splitter erhöhte. Weitere Bestandteile waren der Stutzen mit Schraubgewinde für den Verzögerungszünder (die Verzögerung lag zwischen drei und vier Sekunden), ein Vorstrecker und ein Sicherungsbügel. Die Wirkungsweise dieser Granate basierte auf Druck/Splitter. Der Splitterradius lag bei etwa 25 Metern.

Aber nicht nur gegen feindliche Stellungen und Infanteristen setzten die Russen im Krieg Handgranaten ein. Sie gehörten auch zu jenen Nationen, die schon neben den bekannten Panzerbüchsen die Entwicklung von Panzerabwehr-Handgranaten vorantrieben. Die RPG-40, entwickelt von M.I. Granata im Jahr 1940, war die erste, speziell für diesen Zweck konzipierte Granate.

Dabei handelte es sich um eine Stielhandgranate mit einem zylindrischen Topf mit einer TNT-

Aufnahme von beschlagnahmten Waffen. Gut zu erkennen unten rechts: eine alte russische Handgranate F1.

ОГ-7ВМ

Sprengladung. Der Topf selbst war dünnwandig ausgeführt, wodurch bei der Detonation eine große Druckwelle entstand. Durch das Gewicht von 1,2 Kilogramm lag die Wurfweite nur etwas über 20 Metern, dennoch war sie in der Lage (mittels Aufschlagzünder) eine bis zu 20 Millimeter dicke Panzerung zu durchschlagen.
Um auch stärkere Panzerungen zu durchdringen, entwickelte M.I. Puzyrew im Jahr 1941 die RPG-41 mit höherer Sprengladung. Aber das Gewicht stieg an, was wiederum die Wurfweite herabsetzte.
N.P. Beliakow schuf Mitte 1943 eine grundlegend neue Handgranate, die RPG-43. Diese funktionierte nach dem Prinzip der Hohlladung.
Vor dem Wurf war der Stiel zu entfernen, den die Panzerhandgranate nach wie vor hatte, und eine Feder musste durch Drehen des Zünders vorgespannt werden. Dann brachte der Soldat den Stiel wieder an und zog den Vorstrecker. Die Wurfhand hielt nach wie vor den Stiel und damit auch die Sicherung. Warf der Nutzer nun den Sprengkörper, so löste sich die Sicherung. Beim Aufschlag auf das Ziel kam es dann zur Explosion.
Bei idealen Bedingungen konnten so bis zu 75 Millimeter starke Panzerungen durchdrungen werden. Um einen Auftreffwinkel von 90° zu gewährleisten, verfügte die RPG-43 über einen kleinen, stabilisierenden Fallschirm, der von einer Feder während des Wurfes aus dem Stiel gestoßen wurde.

Russische Soldaten rücken in einer Stadt vor. Gerade im Häuserkampf kamen die Handgranaten vermehrt zum Einsatz.

Eine weitere Sonderentwicklung bei den russischen Granaten war die VPGS 1941 – eine Gewehrgranate zur Panzerabwehr, die im Jahr 1941 entstand. Diese Granate verfügte über einen Sprengkopf und eine lange Stange als »Schwanzstück«. Schoß man diese Granate ab, rutschten die Stabilisatoren an das Ende der Stange und wurde dort in einer Nut gehalten. Dadurch wurde diese Stange zu einem Führungsstück und garantierte, dass die Granate immer mit dem explosiven Kopf zuerst aufschlug – schließlich hatte sie einen Aufschlagzünder.
Durchsetzen konnte sich diese Version nicht. Es gab bessere und mechanisch nicht so anfällige Modelle.

Wie die RPG-43 blieb auch eine weitere Panzerabwehr-Handgranate der Roten Armee bis zum Kriegsende im Einsatz: die RPG-6. Diese arbeitete ebenfalls nach dem Hohlladungsprinzip und löste nach und nach die RPG-43 ab. Gleichzeitig war sie die wirkungsvollste Granate ihrer Art im russischen Arsenal. Die Entwicklung geht dabei auf drei Personen zurück: N.S. Shitkih, M.Z. Polewanow und L.B. Joffe. Erstmals im September 1943 getestet. Die Ergebnisse überzeugten. Ab Oktober 1943 ging das Modell in Serie.
Kaltgehämmertes Stahlblech bildeten Topf und Stiel des Sprengkörpers. Die Sprengmasse bestand aus 600 Gramm TNT. Im Griff befand sich ein Stabilisator aus vier Stoffbändern, die sich im Flug entfalteten, um dafür zu sorgen, dass die Granate mit dem Topf und dem Zünder aufschlug. Die Zündung erfolgte über einen Aufschlagzünder.
Bis zu 120 Millimeter Panzerung konnten mit der RPG-6 durchschlagen werden, womit nahezu alle Panzer des Zweiten Weltkrieges ausgeschaltet werden konnten.

Die verzögerte Explosion

Die russische Objektmine F-10

Zugegeben: Nur eine russische Mine vorzustellen, mag als etwas dürftig erscheinen – im Abschlusskapitel werden noch einige weitere Modelle vorgestellt. Aber allein der Fülle an unterschiedlichen Modellen und Untervarianten wegen, würde es den Rahmen des Buches sprengen, auf alle Holz-, Glas- oder konventionellen Minen einzugehen, die die Rote Armee im Zweiten Weltkrieg einsetzte.
Eine Mine der ganz besonderen Art und für sich genommen einzigartig, war aber eine spezielle Waffe, die lange unentdeckt blieb und die die deutschen Truppen im Kampf gegen die Sowjetunion vor große Probleme stellte. Gemeint ist die Objektmine F-10. Das Perfide an diesem Explosionskörper war, dass er sich noch aus mehreren Hundert Kilometern Entfernung per Funk zur Detonation bringen ließ.
Die Arbeiten an solchen funkgesteuerten Minen begannen schon im Jahr 1924 kurz nach dem russischen Bürgerkrieg. Vor allem die beiden Ingenieure Bekauri und Mitkevich arbeiteten unter Hochdruck an solchen Gerätschaften und konnten schließlich die ersten Modelle präsentieren.
Im Jahr 1929 führte die Rote Armee die Minen dann unter der Bezeichnung F-10 ein und bildete ab 1932 erste Spezialeinheiten, die im Kriegsfalle wichtige Infrastruktur mit diesen Sprengkörpern bestücken sollte. Quellen sprechen von etwa 5000 gebauten Exemplaren dieser Minen, die man vor allem ab Herbst 1941 – als die Wehrmacht auf dem Weg nach Moskau war – einsetzte.
So innovativ das System war, so einfach war es aber auch auszuschalten. Störte man die Funkwellen, verhinderte dies die Zündung der Waffe. Außerdem war die Lebenszeit der Batterien damals noch nicht so lang, was die langfristige Funktionsfähigkeit der Mine beeinträchtigte. In der Regel blieb sie nur einige Tage einsatzbereit.

Die Mine selbst bestand aus einer 12-V-Batterie und dem Empfänger. Was nun die Sprengladungen angeht, so variierten diese je nach Objekt. Belegt sind Minen, die bis zu 36 Sprengladungen zu je 250 Kilogramm beinhalteten. Entsprechend langwierig und kompliziert war auch der Einbau an Orten, die man nachhaltig zerstören wollte, ohne dass aber der Feind von vornherein auf die Mienen stieß.
Doch zu Beginn des Krieges wussten die Deutschen nichts von dieser Waffe. So kam es dazu, dass etwa der Kommandeur der 68. Infanterie-Division von einer solchen Mine in Charkow getötet wurde. Auch in Kiew und Odessa kam es zum erfolgreichen Einsatz der Waffe. Nach und nach kamen die Deutschen den Russen aber auf die Schliche und entwickelten Maßnahmen gegen die F-10, wodurch diese Waffe das Überraschungsmoment verlor. Dennoch blieb sie bis 1945 im Einsatz, sie wurde auch an der Nordfront gegen Finnland verwendet.

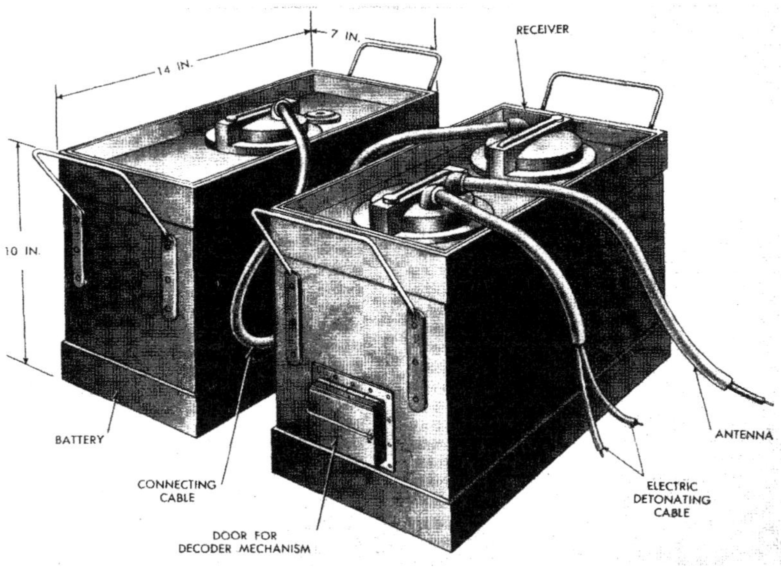

Technische Zeichnung einer russischen Objektmine, die noch aus einigen Hundert Kilometern Entfernung gezündet werden konnte.

Gelungene Improvisation

Brandflaschen und Panzerabwehrhunde

Die Rote Armee zeigte im Kampf gegen das Deutsche Reich ein großes Potential an Improvisationstalent. So entstand eine ganze Reihe verschiedener improvisierter Kampfmittel. Zwei davon sollen hier kurz vorgestellt werden – die »Hundemine« und der auch heute noch bekannte »Molotow-Cocktail«.

Beim »Molotow-Cocktail« handelt es sich um eine »Brandflasche«, eine spezielle Form des Wurfbrandsatzes. Solche Waffen waren bereits seit der Antike bekannt, ihre moderne Ausprägung entstand während des »Winterkriegs« zwischen Finnland und der Sowjetunion. Die schlecht ausgerüstete finnische Armee setzte Brandflaschen mit so großem Erfolg gegen sowjetische Panzer ein, dass man bald zu einer Serienproduktion überging. Ihren Namen erhielten die improvisierten Waffen nach dem damaligen sowjetischen Regierungschef Wjatscheslaw Molotow, die Invasion der Sowjets mit den Worten verteidigt hatte, die russischen Bomber brächten Brot für die Zivilbevölkerung.

Im Zweiten Weltkrieg gingen die Sowjets dazu über, die Waffe selbst gegen ihre Feinde zu nutzen. Um einen solchen »Cocktail« zu mixen, wurden einfache Flaschen mit unterschiedlichem Fassungsvermögen mit flüssigem Brandmittel oder aber einem Brandmittelgemisch gefüllt.

Auch die Deutschen setzten diese Mittel ein. Anders aber als bei der Wehrmacht und anderen Nationen, kam es bei der Sowjetunion – wie zuvor bei den Finnen – schnell zur fabrikmäßigen Produktion dieser Waffen.

Als besonders wirkungsvoll entpuppte sich im Einsatz die sogenannte CS-Brandfüllung. Dahinter verbirgt sich eine Mischung aus Phosphor und Schwefel. Diese entzündete sich bei Luftkontakt sofort (bei der Herstellung übergoss man den Inhalt mit Wasser und Kerosin). Ein Gummistopfen, mit Draht und Isolierband gesichert, verhinderte den zu frühen Kontakt mit dem Sauerstoff. Das Perfide an dieser Mischung war, dass sie neben der schnellen Entzündbarkeit auch überaus klebrig war.

Zerbarst nun die Flasche etwa auf der Panzerung eines Fahrzeuges, entzündete sich der Inhalt, haftete an der Oberfläche. Er konnte durch die Lüftungslöcher in das Innere vordringen und noch mehr Schaden anrichten.

Die Brenndauer betrug bis zu drei Minuten und entwickelte Temperaturen von bis zu 1000 Grad

Im Akkord werden Brandflaschen hergestellt. Sie waren einfache, aber sehr effektive Waffen.

Auch Hunde kamen bei der Roten Armee zum Einsatz. Minenhunde bewährten sich allerdings nicht.

Celsius. Schon einzelne Tropfen auf menschlicher Haut verursachten schwere Verbrennungen.
Aber es gab auch andere Ausführungen dieser Waffe mit anderen Inhalten. Besonders effektiv waren jene mit Gemischen aus Benzin, die man mit Hilfe spezieller Ampullen zündete, die in der Flasche selbst platziert waren. Bei der Zerstörung der Flasche entzündete die Ampulle das Gemisch.
Für den gleichen Zweck verwendeten die Russen Streichhölzer, die über die gesamte Länge einer Brandsatzmischung angebracht waren. Zwei dieser Hölzer waren mit einem Gummiband am oberen Teil der Flasche befestigt. Diese setzte der Soldat vor dem Wurf in Brand. Mitunter gab es sogar mechanische Zünder für diese Art der »Cocktails«. Die Brenndauer lag bei bis zu 50 Sekunden und die Temperatur bei bis zu 800 Grad Celsius.
Der Vorteil dieser Brandflaschen war, dass sie auch bis zu minus 40 Grad Celsius eingesetzt werden konnten. Schnell zeigte sich, dass sie einfach aber effektiv waren, so dass die Massenproduktion auf russischer Seite mit Kriegsbeginn 1941 anlief.

Russische Fahrradtruppen mit ihren Hunden auf dem Roten Platz. Hier sieht man: Es kamen nicht nur Schäferhunde zum Einsatz.

Millionenfach fertigten die Sowjets – selbst in kleinen lokalen Fabriken oder im »Selbstbau« – diese Molotow-Cocktails.
In der Fabrikherstellung kamen normalerweise 20 dieser Flaschen in einer Kiste zur Auslieferung. An der Front trugen die Soldaten die Brandflaschen meist in Baumwolltaschen mit sich.

Die letzte Ruhestätte für deutsche Panzerfahrer an der Front.

Mehr als die zerstörte Wanne blieb von diesem Panzer nicht übrig.

Eine Schützendivision der Roten Armee verfügte in der Regel über einen Vorrat von etwa 2500 Brandflaschen.

Eine weitgehend unbekannte Waffe waren die russischen »Panzerabwehrhunde«. Man kennt sie auch unter der Bezeichnung »Minenhund« oder »Hundemine«. Es war der Versuch, Tiere für eigene Zwecke einzusetzen, die bald an der Ostfront für Verwirrung stifteten und anfänglich Panik bei den Deutschen auslöste.
Die Idee dahinter war, mit Hilfe dieser Hunde, die eine Mine auf dem Rücken trugen, deutsche Panzer zu vernichten. Dies lief in der Hundeausbildung so ab, dass die Trainer Nahrung unter einen Panzer legten und die Hunde entsprechend darunter krochen, um an das Futter zu kommen. Und genau darauf wurden sie konditioniert. Im scharfen Einsatz trugen die Tiere dann eine Mine auf dem Rücken, die explodierte, wenn der Hund unter die Wanne kroch und die Mine auslöste.
Es ergab sich aber ein Problem: Die Hunde konnten nicht zwischen den verschiedenen Panzermodellen unterscheiden. Folglich wussten sie nicht, was ein deutscher oder ein russischer Panzer war. Zudem rochen die russischen Modelle anders, als die der Wehrmacht (allein schon wegen der unterschiedlichen Betriebsstoffe Diesel und Benzin, oder der Öle). Daraus ergab sich das Problem im Kampf, dass die Tiere häufig zu den eigenen Panzern rannten und nicht die deutschen Kampfwagen angriffen. Außerdem liefen sie häufig zurück, da einige Hunde eine gewisse Angst vor schießenden und vorrollenden Panzern zeigten.
Über den Erfolg dieser Methode, streiten sich die Quellen. Russische Quellen sprechen von gelungenen Operationen gegen deutsche Panzerkräfte, wohingegen aus deutschen Berichten zu ersehen ist, dass man konsequent die Hunde abschoss, als man dieser »Waffe« auf die Schliche kam. Da aber bald auch auf russischer Seite effektivere und einfachere Methoden zur Panzerabwehr entstanden, zog man die »Minenhunde« nach und nach aus dem Frontdienst.
Interessanterweise kam aber dieses »System« im 21. Jahrhundert wieder auf: Als der Bürgerkrieg in Syrien ausbrach, versahen Kämpfer des sogenannten

Islamischen Staates Hunde mit Sprengsätzen, um sie gegen feindliche Truppen zu schicken – mit ähnlichem Erfolg wie die Russen im Zweiten Weltkrieg.

Gestellt: Ein Soldat nimmt einen anderen Soldaten gefangen. Der Hund an seiner Seite leistet gute Dienste, den Gegner in Schach zu halten und war wohl auch zuvor als Spurenleser von Nutzen.

Der KW-2 war ein schwerer sowjetischer Panzer. Doch auch für solche Kolosse gab es Mittel und Wege, um sie zu zerstören.

Die Bazooka

Durchschlagender Erfolg

Eine der bekanntesten und gefürchtetsten Nahkampfwaffen der Amerikaner dürfte wohl die Bazooka sein. Noch heute steht sie als Synonym für die Vernichtung von Kampfwagen, selbst wenn die Modelle nun andere Namen tragen.
Im Jahr 1942, nach dem offiziellen Kriegseintritt der USA, kam es zu einer Testvorführung neuer Panzerbüchsen. Der Waffenexperte Leslie Skinner war ebenfalls zugegen, um seinen Entwurf zu präsentieren – allerdings außer Konkurrenz.
Sein Gerät basierte auf dem Hohlladungsprinzip, wie es die Deutschen schon seit einigen Jahren verschiedentlich anwendeten. Und der Erfolg gab ihm Recht: Seine Waffe deklassierte die Konkurrenz um Längen. Es folgte der Produktionsauftrag für die M1. Das Kaliber betrug 60 Millimeter.
Interessant dabei ist die Tatsache, dass diese Gerätschaft auf der Raketenforschung basierte, die die Amerikaner seit dem Jahr 1933 auf dem Aberdeen Proving Ground durchführten. Allerdings steckte das alles noch in den Kinderschuhen und die Mittel waren begrenzt, so dass es eben fast zehn Jahre dauerte, ehe Leslie Skinner seine Erfindung präsentieren konnte.
An Einfachheit war die Skinner-Konstruktion kaum zu überbieten. Im Grunde war es ein an beiden Enden offenes Stahlrohr, dass zum Abschuss eines Raketenprojektils gedacht war. Das Revolu-

Amerikanische Soldaten in den Ardennen – immer mit dabei: die Bazooka.

tionäre daran war, dass nun ein einziger Soldat in der Lage war, ein schwer gepanzertes Fahrzeug zu vernichten und das auch noch aus größerer Entfernung.
Eine Schulterstütze oder ein Holzgriff waren neben zwei Griffen für das Zielen mit der Waffe vorgesehen. Die Rakete wurde elektrisch gezündet, allerdings zeigte sich im Einsatz, dass bei niedrigen Temperaturen nicht der gesamte Treibsatz aufgebraucht wurde, was dazu führte, dass unter Umständen Pulverreste dem Schützen ins Gesicht flogen. Um dies zu umgehen, ließ sich vor der Mündung auf der Seite des Soldaten eine Art Sieb anbringen, das den Bediener vor diesen Auswirkungen schützen sollte. Von Vorteil war zudem, dass die Antriebsgase des Geschosses aus dem hinteren Ende des Rohres austraten und so kaum ein Rückstoß zu verzeichnen war.
Auch wenn die Kampfreichweite bei etwa 200 Metern lag – bei punktartigen Zielen – zeigte sich doch, dass diese Waffe am effektivsten auf Entfernungen von rund 100 Metern wirkte.
Der Name »Bazooka« stammt von einem Musikinstrument des amerikanischen Radio-Komikers Bob Burns, das große Ähnlichkeit mit dieser Waffe aufwies.
Ab Ende 1942 setzten die Amerikaner diese Waffen

Vormarsch in der Deckung eines Panzers. Auch hier darf die Panzerabwehrwaffe nicht fehlen.

Bazooka	
Kaliber	60 mm
Länge	1384 mm
Gewicht	5,8 kg
Reichweite	200 m
Durchschlagsleistung	ca. 100 mm Panzerstahl

Anvisiert und abgedrückt: Dieser Bazookaschütze hat gerade das Ziel anvisiert.

Auch von der Bazooka gab es im Laufe des Krieges mehrere verbesserte Varianten.

gegen die Truppen des Deutschen Afrikakorps ein. Im Jahr 1943 erschien das Modell M1A1 mit einer verbesserten Zielvorrichtung. Außerdem waren die modifizierten »Bazookas« einfacher konstruiert und konnte nahezu jeden feindlichen Panzer außer Gefecht setzen. Zur Bedienung gehörten zwei Mann – ein Schütze und ein Ladeschütze, der die Bazooka nachlud und die elektrischen Anschlüsse herstellte. Schnell zeigte sich, dass die Amerikaner mit diesem Nahkampfmittel eine vielseitige Waffe in ihrem Arsenal hatten. Neben dem Kampf gegen feindliche Panzer ließ sich die Bazooka auch gegen befestigte Stellungen und sogar gegen Verschanzungen einsetzen. Selbst gegen Flächenziele kam sie mitunter zum Einsatz, oder um Gassen in Minenfelder zu sprengen. Die Deutschen erbeuteten eine Reihe dieser Waffen in Afrika, brachten sie zur Erprobung nach Kummersdorf und entwickelten auf deren Grundlage die Raketenpanzerbüchse

Im Jahr 1944 kam die Version M9 zur Truppe. Diese hatte ein zweiteiliges Leichtmetallrohr zur Verbesserung der Handhabung. Dies bedeutete nichts anderes, als dass sich die Waffe zerlegen ließ, um den Transport zu vereinfachen.

Als der Krieg sich dem Ende zuneigte, kam noch der Vollaluminium-Raketenwerfer M18 zur Truppe,

Soldaten der Airborne-Division in einem Flugzeug. Die Bazooka darf nicht fehlen.

Posieren mit dem Panzerabwehrgeschütz für eine Aufnahme – hier wurde ein Modell M1 inszeniert.

Das Foto aus dem Pazifikkrieg zeigt den Einsatz der Bazooka auf Peleliu.

spielte aber keine Rolle mehr in den Kampfeinsätzen.

Insgesamt stellten die Amerikaner während des Krieges über 475.000 Bazookas aller Typen her. Und auch danach blieb die Waffe ein Dauerbrenner.

An Munition standen sowohl Hohlladungen (HL) als auch hochexplosive Geschosse (HE) oder Phospor-Gefechtsköpfe zur Verfügung. Noch vor 1945 entstanden zudem Rauch- und Brandraketen, die aber in der Regel auf dem Kriegsschauplatz im Pazifik zum Einsatz kamen.

Übungschießen mit der Bazooka.

Szene vom Kriegsschauplatz in Italien, der hintere Schütze zielt mit einer Bazooka.

Brandgefährlich

Die Flammenwerfer der Vereinigten Staaten

Der erste amerikanische Flammenwerfer für den Einsatz im Zweiten Weltkrieg kam im Jahr 1942 zur Truppe. Es war das Modell M1 und funktionierte eigentlich genau nach dem Prinzip der deutschen Flammenwerfer.

Der Grund für die späte Einführung lag daran, dass, als man im Jahr 1940 die Forderung nach einer solchen Waffe stellte, kaum Grundlagenwissen vorhanden war, um sich diesem Thema zu widmen. Deswegen griff man auf die Erfahrungen der Deutschen aus dem Ersten Weltkrieg zurück und baute darauf auf. So begannen die Versuche mit einem Modell namens Flame-Thrower E1. Basierend auf diesem Modell entwickelten die Amerikaner den Flammenwerfer weiter und immer weiter, bis es mit dem Modell E1R1 in den Truppenversuch ging – einige davon kamen unter Gefechtsbedingungen zu einer praktischen Erprobung im Pazifik. Hier zeigte sich dann, dass die Waffe zwar funktionierte, jedoch im Einsatz störanfällig und schwer zu bedienen war.

Auf Grundlage dieser Erfahrungen entstand das robustere Modell M1, das es dann auch offiziell zur Truppe schaffte. Allerdings setzten die Amerikaner solche Handflammenwerfer auf dem europäischen Kriegsschauplatz kaum ein. Dafür aber im Pazifik, wo diese Waffen mitunter die einzige Möglichkeit waren, um den Widerstand der Japaner zu brechen. Der M1 Flammenwerfer zeigte sich als brauchbare Waffe. Allerdings versagte häufig die elektrische Zündung, so dass der Soldat mit einem Feuerzeug nachhelfen musste. Zudem hatten die Tanks häufig Lecks, die zu einem Druckabfall führten. Das führte wiederum dazu, dass man einen speziellen Reparatur- und Inspektionsdienst einrichten musste, der sich allein um die M1 Flammenwerfer kümmerte. Das war auch ein Grund dafür, dass sich diese Waffe als Enttäuschung entpuppte.

Flammenwerfereinsatz!

Vor allem gegen Bunker kamen die Flammenwerfer der Amerikaner zum Einsatz.

Im Juni 1943 kam es zur Einführung einer verbesserten Version – M1A1. Davon entstanden insgesamt etwa 14.000 Stück, die neue dickflüssige Brandgemische verschießen konnten. Dabei handelte es sich um nichts anderes als die bisher gebräuchliche Benzingemische, denen man bestimmte Zusätze beigab. Allerdings behielt man das alte Zündsystem bei, was das Problem des »Entflammens« nicht löste, so dass die Soldaten weiter unter Umständen händisch tätig werden mussten.

Als man den M1A1 einführte, war das Wissen des Chemical Warfare Service – zuständig u.a. auch für die Flammenwerfer – gewachsen. Zudem kamen immer wieder Berichte von der Front, die in eine Weiterentwicklung einflossen. So arbeitete man mit einem Versuchsmodell E3, in das verschiedene

Flammenwerfer M1A1	
Gewicht	31,78 kg
Druckgas	Stickstoff
Flammölvorrat	18 l
Reichweite	bis 45 m

Aufnahme vom Kampf um Iwo Jima 1945. Der Flammenwerferschütze muss schnell in Stellung.

Flammenwerfer M2-2	
Gewicht	bis 32,7 kg
Druckgas	Stickstoff
Flammölvorrat	18,2 l
Reichweite	bis 40 m

Modell M2 der Amerikaner, eine verbesserte Variante des M1.

Aufnahme aus dem Jahr 1967 – auch in Vietnam kamen die Flammenwerfer zum Einsatz.

Ein Japaner (unten Mitte) wird von amerikanischen Soldaten abgeführt.

praktische Verbesserungen zum M1 und M1A1 eingearbeitet wurden

Ab 1944 führten die Amerikaner dann das Modell M2-2 ein, das mit Zündpatronen arbeitete, die in einer revolverartigen Trommel an der Spitze des Flammrohres lag. Der erste Einsatz erfolgte während der Schlacht auf Guam noch im gleichen Jahr. Auch abgesehen von den neuen Zündpatronen war der M2-2 eine weitaus robustere Konstruktion, die auf einem Rückentragestell von den Soldaten transportiert wurde. Auch dieses Modell nutzte ein eingedicktes Brandgemisch. Es entstanden bis Kriegsende rund 25.000 Stück. Allerdings war die Produktion nicht einfach, so dass bis Kriegsende nicht alle alten Flammenwerfer gegen den neuen M2-2 ausgetauscht werden konnten.

Im März 1945 erschien diese Variante auch auf

dem europäischen Kriegsschauplatz – und zwar in Italien. Nicht nur die Amerikaner nutzten diese Waffe. Einige Exemplare gingen an die australische Armee, die auf dieser Grundlage ein eigenes Modell mit dem Namen »Ferret« schuf.
Auch gab es Überlegungen und Pläne, einen »Einmal-Flammenwerfer« zu bauen, was aber nicht mehr zu Ende geführt wurde. So blieb der M2-2 das Maß aller Dinge für die amerikanischen Soldaten. Doch nach wie vor war der Soldat bei der Benutzung in höchster Gefahr. Ein Treffer auf den Flammenwerfer konnte das Ende bedeuten.
Aus diesem Grund ersetzte man nach und nach diese Waffen und schickte Flammpanzer in den Kampf – diese hatten zudem eine größere Reichweite und viel mehr Vorrat an Flammöl. Ein Modell hierfür war etwa der Sherman-Crocodile.

Ein M2 Flammenwerfer beim einem Übungsschießen.

Demonstration eines Flammpanzers, um zu zeigen, wie effektiv er eingesetzt werden kann.
(Quelle: National Archives and Records Administration)

From above

Amerikanische Mörser

Amerikanische Mörser im Zweiten Weltkrieg sind relativ unbekannt, so diese denn nicht auf Fahrzeugen eingerüstet waren. Aber auch die Infanterie konnte auf diese Waffen zurückgreifen, wobei vor allem zwei Typen verbreitet waren, nämlich der leichte 60-mm-Mörser M2 und der mittlere 81-mm-Mörser M1. Daneben gab es relativ spät im Krieg eine weitere Waffe in einem größeren Kaliber.

Der leichte Mörser war französischer Herkunft, genauer gesagt handelte es sich um den Brandt-Mörser. Das United States Department of War erwarb die Lizenz zum Nachbau, nachdem man Ende der 1920er-Jahre auf der Suche nach einer solchen Waffe war.

Als »Mortar 60 mm M2« führte man den Mörser ein, nachdem die Erprobung Ende der 1930er-Jahre erfolgreich verlaufen war.

Im Januar 1940 erfolgte dann die Erstbestellung von 1500 Mörsern, also noch rechtzeitig vor dem aktiven Eintreten der USA in den Zweiten Weltkrieg.

Was die Waffe selbst angeht, so entspricht sie der Bauweise von leichten Mörsern zu dieser Zeit. Ein

M2-Mörser aus dem Zweiten Weltkrieg kamen auf Seiten der Amerikaner auch während des Koreakriegs zum Einsatz.

60-mm-Mörser M2	
Länge	726 mm
Kaliber	60 mm
Gewicht	19,05 kg
Bedienung	bis zu 6 Mann
Einsatzreichweite	ca. 1800 m

glattes Rohr, eine rechteckige Bodenplatte, ein einfaches Zweibein und ein Visier waren die Bestandteile dieses Mörsers.

Vom Konzept her sollte dieser Mörser die Lücke zwischen den Handgranaten und den mittleren Mörsern schließen.

Was nun die Verwendung der Waffe anging, so musste man zwischen den Truppengattungen unterscheiden: Bei der US Army gab es im Jahr 1941 bei jeder Schützenkompanie eine Mörsergruppe zu je drei Mörsertrupps. Auch beim US Marine Corps gab es ab 1944 bei der Schützenkompanie in der Kompanieführung eine Mörsergruppe zu drei Mörsertrupps.

Gegen Ende des Zweiten Weltkrieges ergänzte der 60-mm-Mörser M19 das M2-Modell, bis es schließlich im Jahr 1978 komplett ersetzt wurde.

Das M2-Modell entpuppte sich dennoch als wahrer »Langläufer«. Nicht nur während des ganzen Zweiten Weltkrieges kam der M2 zum Einsatz, sondern auch noch danach im Koreakrieg und auch im Vietnamkrieg war der Mörser noch zu finden.

Auch viele andere Nationen führten diesen Mörser in ihre Armeen ein, oder aber Nachbauten davon. Die Liste umfasst beispielsweise die Streitkräfte von Albanien, Dänemark, Griechenland, Mexiko oder Marokko.

Neben dem leichten Mörser M2 gab es auch noch den mittleren Mörser M1. Pate für diesen amerikanischen Granatwerfer M1 stand das bekannte französische Modell Brandt 1927/31.

Beim M1 handelt es sich um eine simple Glattrohrwaffe, die nur Steilfeuer schießen konnte, und von der Mündung her geladen wurde. Die Granate rutschte nach unten und wurde am Rohrboden durch einen Schlagbolzen gezündet.

Für diesen 81 Millimeter Granatwerfer gab es eine ganze Reihe von verschiedenen Munitionstypen für unterschiedliche Einsatzzwecke, so Splittergeschosse mit einer Reichweite von bis zu 3000 Metern, aber eben auch solche mit größerer Sprengkraft mit mehr Masse – dafür dann aber mit geringerer Reichweite. Rauch- und Leuchtgeschosse rundeten das Angebot ab.

Ein M2-Mörser der Amerikaner in einer Stellung während des Koreakrieges (1950–1953).

Ebenfalls ein M2-Mörser im Einsatz im Koreakrieg.

Eine Mörserbedienung feuert ihre Waffe ab. Diese Aufnahme eines 60-mm-Mörsers stammt aus dem Vietnamkrieg.

Gegen Kriegsende kam es noch zur Einführung eines verbesserten Modells, das die Bezeichnung »Universal« erhielt – dieser Mörser war etwas leichter und verfügte über ein kürzeres Rohr.
Die Waffe blieb bis zum Ende des Zweiten Weltkrieges im Einsatz. Auch im Koreakrieg waren solche Mörser noch zu finden.
Doch in den 1950er-Jahren führten die USA nach und nach den Mörser M29 ein, der den M1 ersetzte. Der M29 war leichter, bei größerer Reichweite.
Auch andere Nationen nutzten den M1, so etwa Österreich, Honduras, die Türkei, Guatemala, Griechenland oder Kolumbien.

Spät im Krieg kam es noch zur Einführung eines 107-mm-Mörsers – dem M2 4.2-inch-mortar. Er trug den Spitznamen »Goon Gun« oder »Four Deuce«.
Dabei war diese Entwicklung nicht neu. Die ersten Mörser in diesem Kaliber kamen schon im Jahr 1928 zur Truppe und basierten auf britischen Modellen.
Aufbauend darauf entstand so der M2, der 151 Kilogramm wog und in drei Lasten zerlegt werden

Soldaten eines Mörsertrupps der amerikanischen 92nd Division beschießen deutsche Stellungen.

Aufnahme aus dem Jahr 1958 aus Arnheim – die Mörsertruppen paradieren auf der Straße.

Beobachter der 90th Infanterie-Division führen einen 81-mm-Mörser in winterlicher Landschaft.

Eine Mörserbedienung bei einer Übung in Camp Carson in Colorado (USA).

81-mm-Mörser M1	
Kaliber	81 mm
Lauflänge	1158 mm
Gewicht	61,74 kg
Einsatzreichweite	bis zu 3000 m

konnte. Untypisch für einen Mörser, verfügte diese Waffe über ein gezogenes Rohr, was den Granaten aber eine gewisse Stabilität verlieh.
Während des Krieges sah die taktische Organisation so aus, dass jedes Bataillon 48 M2 hatte, die sich in vier Kompanien zu je drei Plattoons mit vier Mörsern aufteilten.

107-mm-Mörser M2	
Länge	1,22 m
Kaliber	107 mm
Gewicht	151 kg
Einsatzreichweite	4400 m

Diese Waffe blieb lange im Gebrauch. So kam sie auch noch im Koreakrieg, dem Vietnamkrieg und dem portugiesischen Kolonialkrieg (1961 bis 1974) im Einsatz.
Auch hier gab es mehrere Abnehmerstaaten, etwa Zypern, Portugal, Tunesien oder Brasilien.
Nach und nach ersetzte man in den USA ab dem Jahr 1951 den Mörser gegen den M30-Mörser.

Ein Mörsertrupp im Einsatz auf der Insel Borneo.

US Marines bereiten ihren 60-mm-Mörser während des Vietnamkriegs auf den nächsten Einsatz vor.

Und die anderen?

Nahkampfmittel anderer Nationen

Neben den gezeigten Waffen der »Hauptkriegsnationen« gab es natürlich auch noch zahlreiche relevante Entwicklungen aus anderen beteiligten Staaten. Diese deckten sich nicht nur oft mit denen anderer Staaten, sie kamen häufig auch in anderen Armeen zum Einsatz.
Stellvertretend für die mannigfaltige Vielfalt an Waffen sei hier eine kleine Auswahl getroffen, die einen Einblick in die Arsenale anderer Nationen zur Zeit des Zweiten Weltkriegs bietet.

81-mm-Granatwerfer Brandt Modell 27
In den Stellungskämpfen des Ersten Weltkriegs tauchten kompakte und leistungsfähige Granatwerfer und Mörser auf. Vor allem das britische Stokes-Modell sorgte für Furore, so dass im Jahr 1927 Edgar Brandts »Brandt-Granatwerfer« in Frankreich eingeführt wurde. Dieser basierte auf dem britischen Modell und entwickelte sich zu einem Exportschlager. Viele Länder standen auf der Kundenliste für diesen Werfer im Kaliber 81 Millimeter. Zeitgleich war der Brandt-Werfer auch Ideengeber für Weiterentwicklungen auf diesem Gebiet. Fast 60 Kilogramm wog diese Glattrohrwaffe mit Bodenplatte und Zweibein, an dem auch die Höhen- und Seitenkorrekturen vorgenommen wurden. Eine Granate wog maximal über sechs Kilogramm. Die Reichweite lag bei fast 3000 Metern.

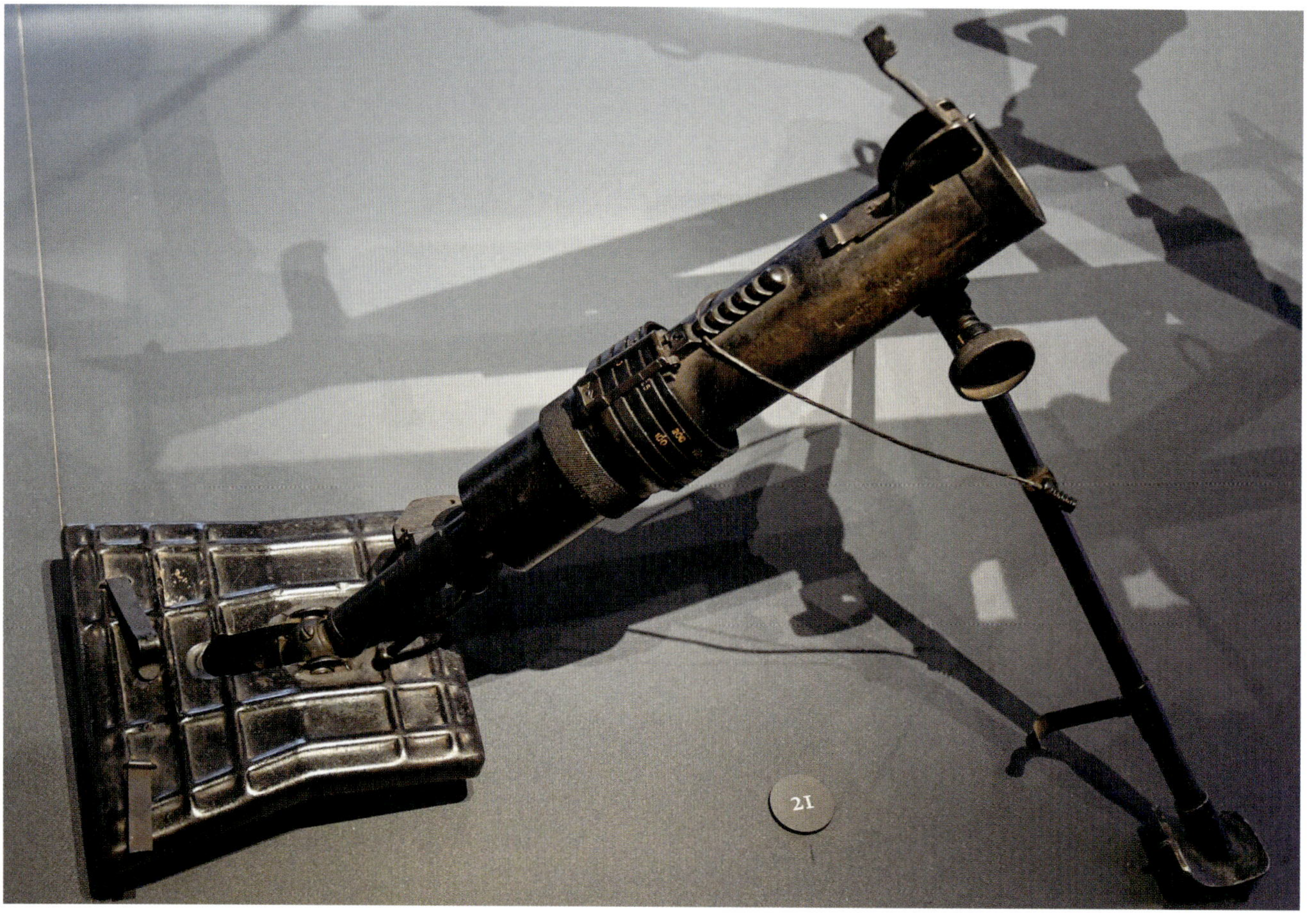

Ein Brandt-Mörser MLE 37, auf dessen Konstruktion viele Mörser anderer Nationen beruhen.

Eine marginale Weiterentwicklung dieses Werfers datiert aus dem Jahr 1931. Im Zweiten Weltkrieg bewährte sich die Waffe, konnte jedoch die französische Niederlage nicht verhindern.

81-mm-Granatwerfer Brandt Modell 27	
Kaliber	81 mm
Länge	1270 mm
Gewicht	59,7 kg
Gewicht der Granate	max. 6,5 kg
Einsatzreichweite	2850 m

Verlassene französische Stellung mit einem Mörser.

45-mm-Mörser »Brixia«

Auch in Italien hatte man Mörser im Arsenal. Dabei stellt der Mörser 45/5 Modell 35 »Brixia« allerdings ein Beispiel für eine »überkonstruierte« Waffe dar, die noch dazu mit begrenzter Leistung und einem schlechten Geschoss aufwartete. Hinzu kam ein komplizierter Aufbau der Waffe, der es im Einsatz schwierig machte, Störungen zu beheben.
Dennoch kam die Waffe in großen Stückzahlen Truppe und auch in den Krieg. Anders als viele andere Mörser mussten die Soldaten den »Brixia« vom Bodenstück aus laden. Beim Betätigen eines Hebels öffnete sich der Verschluss, der Mörser konnte geladen werden und beim Schließen führte das System eine Treibpatrone aus einem 10er-Magazin zu. Abgefeuert wurde Waffe mittels eines Abzugs.
Was die Reichweite anging, so wurde diese über eine Gasaustrittsöffnung variiert. Als Zieleinstellung verfügte der »Brixia« über eine komplizierte Höhen- und Seiteneinrichtung.
Ein Problem zeigte sich auch beim Kaliber. Da es nur 45 Millimeter maß, konnten nur kleinere Wurfgranaten mit entsprechend geringer Ladung verschossen werden. Das System selbst ruhte in einem Klapprahmen, den der Soldat auf dem Rücken trug.
Insgesamt handelt es sich um eine wenig kriegstaugliche Waffe, da ihre Wirkung zu gering war. Da die Kapazitäten der italienischen Rüstungsproduktion aber nicht ausreichte, um eine verbesserte Variante zu bauen, blieb dieser Mörser bis Kriegsende im Einsatz.
Auch Soldaten des Deutschen Afrikakorps nutzten den »Brixia« – mangels Alternativen. So gab es ein eigenes Handbuch für diese Waffe mit der deutschen Bezeichnung 4,5-cm-Granatwerfer 176 (i).

45-mm-Mörser »Brixia«	
Kaliber	45 mm
Länge	260 mm (Rohr)
Gewicht	15,5 kg
Gewicht der Granate	465 g
Einsatzreichweite	536 m

Italienische Truppen mit dem Fallenwerfermodell 35, das sich aber nicht durchsetzte – zu sehen ist es in detaillierter Aufsicht auch auf der Seite gegenüber.

Lanciafiamme Modello 35, 40 und 41

Auch bei den Flammenwerfern hatten die Italiener ein eigenes Modell, den Lanciafiamme Modello 35. Diese Waffe führte die italienische Armee im Jahr 1935 ein. Im Jahr 1939 verkaufte man 176 Stück an Finnland, dort setzte die finnische Armee die Waffen im Winterkrieg gegen Russland ein.
Die italienische Armee setzte vor allem in Nordafrika Flammenwerfer ein. Das Modell 35 überzeugte jedoch nicht. Es war schwerer als vergleichbare Modelle, hatte dazu eine geringere Leistung und eine zu kurze Reichweite. Im Jahr 1940 kam das verbesserte Modell 40 zur Truppe, das nach und nach das ältere Modell ersetzte.
Das Gewicht des Systems führte schließlich zur Entwicklung des Lanciafiamme Model 41, das leichter war und ein leicht modifiziertes elektrisches System hatte. Für Stoßtruppen und Fallschirmjäger wurde eine noch leichtere Version entwickelt, das Modell 41 d'Assalto. Die italienischen Streitkräfte verwendeten auch das Lanciafiamme Carrellato Model 42.

Weitere Granatwerfer

Was andere Granatwerfer anging, so gab es eine ganze Reihe von verschiedenen Entwicklungen anderer Nationen, die auch im Zweiten Weltkrieg zum Einsatz kamen. Die Wehrmacht erbeutete einige davon, nutzte aber nur wenige, da sie nicht leistungsstark genug waren.
So wie etwa der polnische 4,6-cm-Granatwerfer wz. 36, der zwischen 1932 und 1934 entwickelt wurde. Im Jahr 1937 nahm die polnische Armee die Waffe in den aktiven Dienst.
Die Wehrmacht führte diesen Granatwerfer als »4,6 cm GrW 36 (p)« in die eigenen Reihen ein, nutzte ihn jedoch nur wenig und ließ die Fertigung auslaufen.
Beim belgischen »Lances grenades de 50 mm DTB« sah es nicht anders aus. Das Interessante an diesem Gerät war, dass es sich dabei eher um eine Granatabschusswaffe handelte als um einen klassischen Mörser. Der Aufbau dieser Konstruktion war kompliziert und die Handhabung schwierig.
Zwar führte die Wehrmacht diesen Mörser als »5 cm GrW 201(b)« ein, gab ihn aber nur in geringen Zahlen an Besatzungstruppen aus.

Rechte Seite: Italienischer Flammenwerfer aus dem Zweiten Weltkrieg.

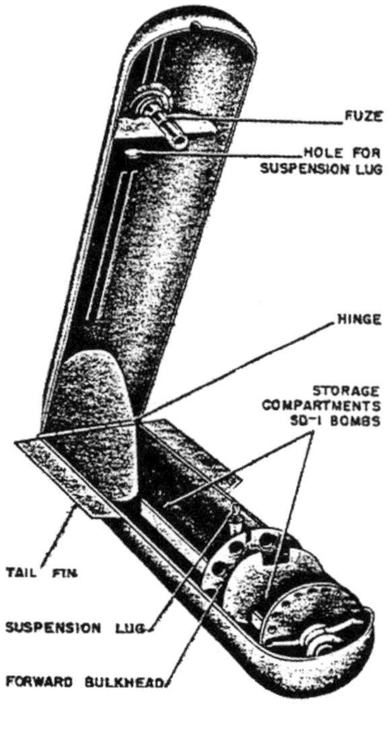

Eine AB 70-D1 Cluster-Bombe für den 50-mm-Mörser Modell 37.

Minen

Auch Minen erbeutete die Wehrmacht bei ihrem Vormarsch durch Europa und führte sie in die eigenen Reihen ein – mangels eigener Alternativen.
Ein Beispiel dafür waren etwa zwei französische Panzerminen, einmal in einer leichten und einer schweren Version.
Die leichte Panzermine (Bezeichnung »le PzMi 407 (f)«) löste bei einem Druck von 190 bis 225 Kilogramm aus und wog 6,6 Kilogramm. Die deutschen Truppen nutzten diese Mine vor allem im Kampf in Nordafrika.
Daneben kam auch die schwere Panzermine »s PzMi 420 (f)«, die bei einem Druck von 363 Kilogramm auslöste und ebenfalls in die Bestände der Wehrmacht kam.
Hinzu kamen noch Minen zur Panzerabwehr aus Belgien (Panzerabwehrmine 406 (b)) oder Ungarn (CVPI), neben russischen (PzMi 410 (r) und PzMi 416 (r)) und britischen Modellen (PzMi 404 (e) und PzMi 405 (e))

Diese Zusammenstellung ist nicht vollständig. Es gab noch eine ganze Reihe von anderen Nahkampfmitteln, die ebenfalls nur in geringen Stückzahlen eingesetzt wurden.
Vor allem Besatzungstruppen kamen in den »Genuss« dieser »Waffen zweiter Klasse«, weil diese eben gerade verfügbar waren. Der Nachschub an Munition war zumeist limitiert. Ein Beispiel dafür ist etwa der viel beschriebene »Atlantikwall«: Hier kam vielfach Beutegerät zum Einsatz, da die laufende Produktion an die kämpfende Truppe, etwa an der Ostfront, ging.

Die Leichte Panzermine 407 (f) – franz. mle. 1936.

Schwere Panzermine 420 (f) – franz. allongée lourde. Diese Waffe löste erst bei einem Druck von 363 Kilogramm aus.

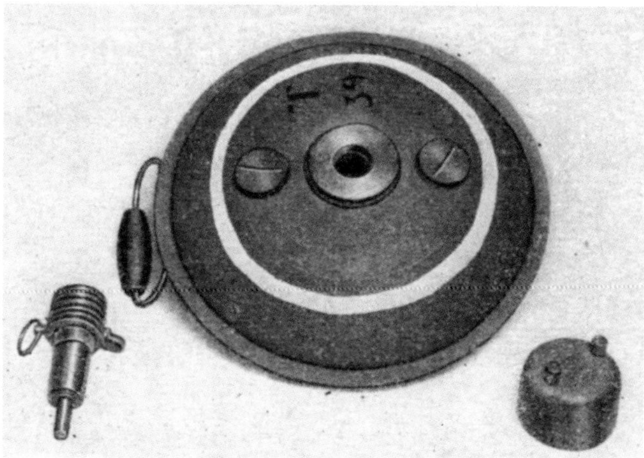

Der Name verrät es bereits: Die Übungs-Panzermine 419/2 (Üb) (h) – holl. T 39 kam nicht auf dem Schlachtfeld zum Einsatz, sondern lediglich in der Pionierausbildung.

Eine Aufnahme, die in der zweiten Maihälfte 1940 bei Maastricht entstanden ist. Niederländische Panzerminen T-39. Sie wurden Beutesammelstellen zugeführt, erhielten die Bezeichnung Panzermine 419/1 (h) – holl. T-39 – und sind 1943/1944 in Minenfeldern des »Atlantikwalls« verlegt worden.

Deutsche Pioniere beim Entschärfen einer russischen Panzermine TMD 40. Der rechteckige Holzkasten (600 x 130 x 100 mm) wog mit 3,6 kg Sprengstoff und zwei Schlagzündern 8,6 kg (Auslösedruck 250–400 kg). Erbeutete Minen wurden unter der Bezeichnung Panzermine 411 (r) – russ. TMD 40 – in das Arsenal deutscher Sperrmittel aufgenommen.

WEITERE INTERESSANTE BÜCHER ZUM THEMA

Basierend auf dem ersten echten Maschinengewehr, dem amerikanisch-britischen Maxim, setzte Deutschland im Ersten Weltkrieg das selbstentwickelte, wassergekühlte MG 08 bzw. 08/15 ein. Alexander Losert beschreibt alle wichtigen Maschinengewehre aus deutscher Fertigung, bis zum Ende des Zweiten Weltkrieges.
144 Seiten, 150 Abb., 210 x 280 mm
ISBN 978-3-613-04122-6
€ 19,95 / € (A) 20,60

Diese umfassende Dokumentation zeigt Militärpistolen und Revolver der wichtigsten Kriegsparteien im Zweiten Weltkrieg. Den Schwerpunkt dieses Buches bilden dabei die Waffen der Wehrmacht, inklusive der Beutewaffen, sofern sie verwendet wurden. Auch japanische Modelle werden aufgelistet.
128 Seiten, 150 Abb., 210 x 280 mm
ISBN 978-3-613-04280-3
€ 19,95 / € (A) 20,60

Alexander Losert dokumentiert in diesem Werk die Entwicklung aller wichtigen Karabiner, die im Zweiten Weltkrieg bei den kriegsführenden Ländern zum Einsatz kamen und beschreibt die Stärken und Schwächen ihrer Technik.
128 Seiten, 150 Abb., 210 x 280 mm
ISBN 978-3-613-04378-7
€ 19,95 / € (A) 20,60

Das Dritte Reich brachte eine Vielzahl von technischen Meisterleistungen hervor. In dieser aktualisierten und überarbeiteten Neuauflage beleuchten die Autoren diesen spannenden Themenkomplex mit erstklassigem Bildmaterial, das sie in vielen Jahren zusammengetragen und teils selbst fotografiert haben.
192 Seiten, 220 Abb., 230 x 265 mm
ISBN 978-3-613-04453-1
€ 34,90 / € (A) 35,90

Stand September 2023
Änderungen in Preis und Lieferfähigkeit vorbehalten.

Deutsche Soldaten mit Flammenwerfer an der Maginot-Linie.
(Foto: ullstein bild/ullstein bild via Getty Images)